对接世界技能大赛技术标准创新系列教材
技工院校一体化课程教学改革模具制造专业教材

模具零件数控机床加工
（数控铣削加工分册）

人力资源社会保障部教材办公室　组织编写

 中国劳动社会保障出版社

world skills
China

内容简介

　　本套教材为对接世赛标准深化一体化专业课程改革模具制造专业教材，对接世赛塑料模具工程、原型制作项目，学习目标融入世赛要求，学习内容对接世赛技能标准，考核评价方法参照世赛评分方案，并设置了世赛知识栏目。

　　本书主要内容包括手机支架板模具型腔的数控铣加工、玩具汽车车底模具型芯的数控铣加工、玩具汽车车底模具型腔的数控铣加工、玩具汽车车身模具型芯的数控铣加工、玩具汽车车身模具型腔的数控铣加工等。

图书在版编目（CIP）数据
·

模具零件数控机床加工. 数控铣削加工分册 / 人力资源社会保障部教材办公室组织编写 . -- 北京：中国劳动社会保障出版社，2021

对接世界技能大赛技术标准创新系列教材　技工院校　体化课程教学改革模具制造专业教材

ISBN 978-7-5167-4927-2

Ⅰ.①模…　Ⅱ.①人…　Ⅲ.①模具－零部件－数控机床－铣削－技工学校－教材　Ⅳ.①TG760.6

中国版本图书馆 CIP 数据核字（2021）第 233730 号

中国劳动社会保障出版社出版发行

（北京市惠新东街 1 号　邮政编码：100029）

*

北京市艺辉印刷有限公司印刷装订　　新华书店经销

880 毫米 ×1230 毫米　16 开本　13 印张　304 千字

2021 年 12 月第 1 版　　2021 年 12 月第 1 次印刷

定价：36.50 元

读者服务部电话：（010）64929211/84209101/64921644

营销中心电话：（010）64962347

出版社网址：http://www.class.com.cn

http://jg.class.com.cn

对接世界技能大赛技术标准创新系列教材

编审委员会

主　任: 刘　康

副主任: 张　斌　王晓君　刘新昌　冯　政

委　员: 王　飞　翟　涛　杨　奕　张　伟　赵庆鹏　姜华平

　　　　杜庚星　王鸿飞

模具制造专业课程改革工作小组

课 改 校: 广东省机械技师学院　江苏省常州技师学院　广西机电技师学院

　　　　　成都市技师学院　江苏省盐城技师学院　承德技师学院

　　　　　徐州工程机械技师学院

技术指导: 李克天

编　　辑: 马文睿　吕滨滨

本书编审人员

主　　编: 曾海波

副 主 编: 吴振通　陈泳桓

参　　编: 张　振　李业校　刘　洋　杨登辉　唐培强　詹志远

　　　　　王华雄　林金盛　王向东

主　　审: 崔兆华

序

世界技能大赛由世界技能组织每两年举办一届，是迄今全球地位最高、规模最大、影响力最广的职业技能竞赛，被誉为"世界技能奥林匹克"。我国于2010年加入世界技能组织，先后参加了五届世界技能大赛，累计取得36金、29银、20铜和58个优胜奖的优异成绩。第46届世界技能大赛将在我国上海举办。2019年9月，习近平总书记对我国选手在第45届世界技能大赛上取得佳绩作出重要指示，并强调，劳动者素质对一个国家、一个民族发展至关重要。技术工人队伍是支撑中国制造、中国创造的重要基础，对推动经济高质量发展具有重要作用。要健全技能人才培养、使用、评价、激励制度，大力发展技工教育，大规模开展职业技能培训，加快培养大批高素质劳动者和技术技能人才。要在全社会弘扬精益求精的工匠精神，激励广大青年走技能成才、技能报国之路。

为充分借鉴世界技能大赛先进理念、技术标准和评价体系，突出"高、精、尖、缺"导向，促进技工教育与世界先进标准接轨，完善我国技能人才培养模式，全面提升技能人才培养质量，人力资源社会保障部于2019年4月启动了世界技能大赛成果转化工作。根据成果转化工作方案，成立了由世界技能大赛中国集训基地、一体化课改学校，以及竞赛项目中国技术指导专家、企业专家、出版集团资深编辑组成的对接世界技能大赛技术标准深化专业课程改革工作小组，按照创新开发新专业、升级改造传统专业、深化一体化专业课程改革三种对接转化原则，以专业培养目标对接职业描述、专业课程对接世界技能标准、课程考核与评价对接评分方案等多种操作模式和路径，同时融入健康与安全、绿色与环保及可持续发展理念，开发与世界技能大赛项目对接的专业人才培养方案、教材及配套教学资源。首批对接 19 个世界技能大赛项目共 12 个专业的成果将于 2020—2021 年陆续出版，主要用于技工院校日常专业教学工作中，充分发挥世界技能大赛成果转化对技工院校技能人才的引领示范作用。在总结经验及调研的基础上选择新的对接项目，陆续启动第二批等世界技能大赛成果转化工作。

希望全国技工院校将对接世界技能大赛技术标准创新系列教材，作为深化专业课程建设、创新人才培养模式、提高人才培养质量的重要抓手，进一步推动教学改革，坚持高端引领，促进内涵发展，提升办学质量，为加快培养高水平的技能人才作出新的更大贡献！

2020年11月

目　　录

学习任务一　手机支架板模具型腔的数控铣加工

学习目标

1. 能通过查阅资料了解手机支架板模具型腔所用材料的牌号、性能及用途。

2. 能识读手机支架板模具型腔零件图，说出其主要加工尺寸、表面粗糙度等要求。

3. 能熟悉数控铣床的结构、分类、特点及技术参数，能正确建立数控铣床的机床坐标系及工件坐标系。

4. 能正确运用 G 指令编写简单程序。

5. 能正确分析手机支架板模具型腔加工工艺，编制合理的加工工艺卡。

6. 能编制手机支架板模具型腔刀路设计表。

7. 能制订合理的手机支架板模具型腔加工工作计划。

8. 能根据车间管理规定，正确、规范地操作机床加工零件，记录加工中不合理之处并及时处理。

9. 能根据图样要求正确检测手机支架板模具型腔的加工质量，并根据检测结果分析误差产生的原因，优化加工策略。

10. 能主动获取有效信息，展示工作成果，对学习与工作进行反思与总结，优化方案和策略，具备知识迁移能力。

11. 能与班组长、工具管理员等相关人员开展良好合作，进行有效的沟通。

12. 能在作业过程中严格执行企业操作规范、安全生产制度、环保管理制度以及 6S 管理规定，严格遵守从业人员的职业道德，树立吃苦耐劳、爱岗敬业的工作态度和职业责任感。

建议学时

30 学时。

工作情景描述

某模具厂通过业务洽谈与某塑料制件厂签订了手机支架板模具型腔制作合同。塑料制件厂提供产品（手机支架板）零件图，要求模具型腔寿命为 8 万次，交货期为 10 天。模具厂设计人员按照塑料制件厂要求进行模具型腔设计，完成图样绘制后，安排模具生产车间模具工加工模具型腔，模具型腔经检验合格后交付塑料制件厂使用。

产品图及模具型腔图

手机支架板、手机支架板模具型腔分别如图 1–1、图 1–2 所示。说明：登录中国技工教育网 http://jg.class.com.cn 后，在首页搜索 "模具零件数控机床加工（数控铣削加工分册）"，可获得本工作页所有零件图的 igs 格式文件及 x_t 格式文件。

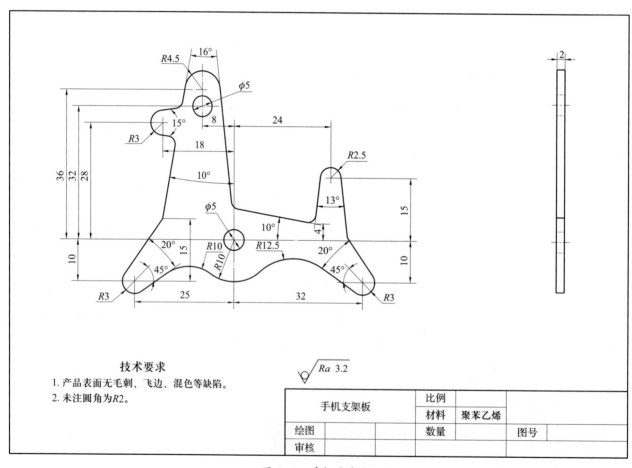

技术要求
1. 产品表面无毛刺、飞边、混色等缺陷。
2. 未注圆角为 R2。

$\sqrt{Ra\ 3.2}$

手机支架板		比例			
		材料	聚苯乙烯		
绘图		数量		图号	
审核					

图 1–1 手机支架板

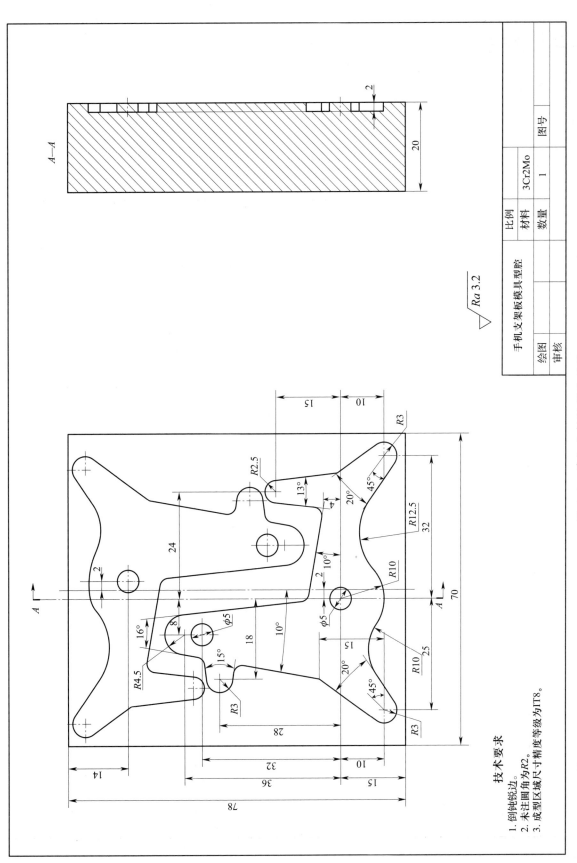

技术要求
1. 倒钝锐边。
2. 未注圆角为R2。
3. 成型区域尺寸精度等级为IT8。

图1-2　手机支架板模具型腔

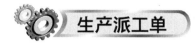 **生产派工单**

生产派工单见表 1-1。

表 1-1   生产派工单

单号：＿＿＿＿＿ 开单部门：＿＿＿＿＿ 开单人：＿＿＿＿＿

开单时间：＿＿＿年＿＿月＿＿日＿＿时 接单人：＿＿部＿＿小组＿＿＿＿（签名）

以下由开单人填写			
产品名称	手机支架板模具型腔	完成工时	
产品技术要求	按图样加工，满足使用功能要求		
以下由接单人和确认方填写			
领取材料 （含消耗品）		成本核算	金额合计： 仓管员（签名） 年　月　日
领用工具			
操作者检测			（签名） 年　月　日
班组检测			（签名） 年　月　日
质检员检测	□合格　□不良　□返修　□报废		（签名） 年　月　日

工作流程与活动

1. 手机支架板模具型腔加工准备（4 学时）

2. 手机支架板模具型腔加工工艺分析及计划制订（4 学时）

3. 手机支架板模具型腔加工（16 学时）

4. 手机支架板模具型腔的检测与质量分析（4 学时）

5. 工作总结与评价（2 学时）

学习活动 1　手机支架板模具型腔加工准备

 学习目标

1. 能通过查阅资料了解手机支架板模具型腔所用材料的牌号、性能及用途。

2. 能识读手机支架板模具型腔零件图，说出其主要加工尺寸、表面粗糙度等要求。

3. 能熟悉数控铣床的结构、分类、特点及技术参数。

4. 能正确建立数控铣床的机床坐标系及工件坐标系。

5. 能说出机床报警号所对应的报警内容。

6. 能掌握程序段的格式及意义。

7. 能掌握常用 G 指令和 M 指令的含义。

8. 能正确运用 G 指令编写简单程序。

9. 能对数控铣床进行正确的维护与保养。

建议学时　4 学时。

 学习过程

一、阅读生产派工单，明确任务要求

1. 查阅相关资料，说明手机支架板的用途。

2．用于制作手机支架板模具型腔的材料应具有怎样的性能才能满足模具型腔的功能要求？

3．分析零件图样，在表 1–2 中写出型腔的主要加工尺寸及表面粗糙度要求，为零件的编程加工做准备。

表 1–2　　　　　　　　　　　　　　　　　型腔的加工要求

序号	项目	内容	偏差范围（数值）
1	主要加工尺寸		
2	表面粗糙度		

二、数控铣床的结构及其主要技术参数

1．认识数控铣床

（1）数控铣床是一种用途广泛的数控机床，查阅相关资料，指出图 1–3 所示数控铣床主要组成部分的名称及功能。

图 1-3　数控铣床

（2）数控铣床有哪些不同的分类方法？各分为哪些种类？

（3）简述数控铣床的特点。

（4）查阅相关资料，了解所用数控铣床的主要技术参数，并填写表1-3。

表1-3　　　　　　　　　　　　　数控铣床的主要技术参数

项目	主要技术参数	项目	主要技术参数
机床型号		机床总功率	
数控系统		工作台面规格	
床身结构		工作行程	

2．机床坐标系与工件坐标系

为了使加工过程中机床的运动方向和距离与程序的编程方向和距离相统一，在编程前需要了解机床坐标系、工件坐标系和机床参考点。

（1）机床坐标系

1）机床坐标系是一个右手笛卡儿直角坐标系（图1-4）。指出图1-4中所示三根手指对应坐标轴的方向分别是什么。

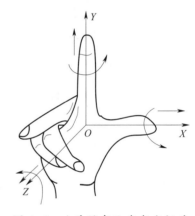

图1-4　右手笛卡儿直角坐标系

2）根据机床坐标系的确定方法，画出图1-5所示数控铣床的机床坐标系，并标注各坐标轴的方向。

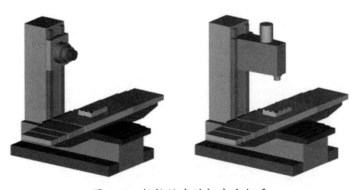

图1-5　数控铣床的机床坐标系

9

（2）工件坐标系

工件坐标系是编程人员在编程时使用的，由编程人员选择工件上的某一个已知点为原点建立的一个坐标系，也称编程坐标系。确定工件坐标系时不必考虑毛坯在机床上的实际装夹位置。但是工件坐标系各轴的方向应该与所使用的数控机床相应的坐标轴方向一致。查阅相关资料，说明选择工件坐标系时一般应遵循的原则。

（3）机床参考点

机床参考点是用于对机床运动进行检测和控制的固定位置点。查阅相关资料，说明为什么要设置机床参考点，以及一般机床参考点应设置在什么位置。

3．机床报警

查阅机床说明书，了解机床报警号所对应的报警内容，填写表1-4。

表1-4 机床报警内容

报警号	报警内容
510	
511	
520	
521	
530	
531	

三、编程基本指令

1．查阅资料，写出程序段的格式及其意义。

2．常用 G 指令

（1）G 指令有模态指令和非模态指令之分，什么是模态指令？什么是非模态指令？

（2）查阅相关资料，在表 1-5 中写出 G 指令的含义。

表 1-5　　　　　　　　　　　　　　G 指令的含义

G 指令	含义	G 指令	含义
G00		G40	
G01		G41	
G02		G42	
G03		G53	
G04		G54 ~ G59	
G17		G90	
G18		G91	
G19			

3．常用 M 指令

（1）M 指令有模态指令和非模态指令之分，二者各有什么特点？

（2）查阅相关资料，在表 1-6 中写出 M 指令的含义。

表 1-6　　　　　　　　　　　　　　　　M 指令的含义

M 指令	含义	M 指令	含义
M00		M06	
M01		M08	
M02		M09	
M03		M30	
M04		M98	
M05		M99	

4．编写程序

（1）图 1-6 所示零件毛坯的尺寸为 80 mm×80 mm，编写其加工程序。

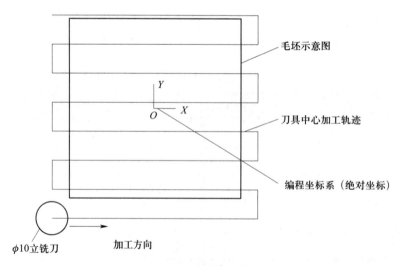

图 1-6　加工程序编写实例

（2）用绝对坐标和相对坐标编写英文字母 R、S、T、W（尺寸自定）的铣削加工程序。

1）R

2）S

3）T

4）W

四、数控铣床的维护与保养

为了使数控铣床保持良好的状态，提高产品的加工质量，减少或防止事故的发生，必须坚持定期对数控铣床进行维护与保养。

1．数控铣床日常维护与保养的内容有哪些？

2．数控铣床周维护与保养的内容有哪些？

3．数控铣床月维护与保养的内容有哪些？

4．数控铣床年维护与保养的内容有哪些？

学习活动2　手机支架板模具型腔加工工艺分析及计划制订

 **学习目标**

1. 能掌握型腔铣削方法，并能描述铣削时的下刀方式。

2. 能掌握夹具的类型及其特点和应用，并能正确选用加工手机支架板模具型腔的夹具。

3. 能掌握数控铣削用刀具的特点、应用及其参数的选用原则和方法。

4. 能正确编制手机支架板模具型腔加工刀具卡。

5. 能掌握铣削内腔的三种走刀路线，能正确选用多次平面铣削的走刀路线。

6. 能正确设计加工手机支架板模具型腔的走刀路线。

7. 能合理确定切削用量。

8. 能根据分析的手机支架板模具型腔加工工艺，编制合理的加工工艺卡。

9. 了解 Mastercam 软件特点。

10. 能利用 Mastercam 软件进行平面铣削、外形铣削、加工转角、几何对象转换等设置。

11. 能编制手机支架板模具型腔刀路设计表。

12. 能制订合理的手机支架板模具型腔加工工作计划。

建议学时　4学时。

学习过程

一、加工工艺分析

在完成零件图分析的基础上，即可编制零件的加工工艺，编制零件的加工工艺主要包括：选择加工方法，确定加工顺序，选择夹紧方案和夹具，选择刀具，确定走刀路线和切削用量，并填写手机支架板模具型腔加工工艺卡。

1．选择加工方法

（1）在数控铣床上加工平面主要采用面铣刀和立铣刀，粗铣的尺寸精度为 IT13 ~ IT11，表面粗糙度值为 $Ra25 ~ 6.3\ \mu m$。

（2）平面轮廓类零件的表面多由直线和圆弧或者各种曲线构成，可在铣床上加工。

在选择零件表面的加工方法时，除了考虑加工质量，零件的结构、形状和尺寸，零件的材料、硬度和生产类型外，还要考虑加工的经济性。各种表面加工方法所能达到的精度和表面粗糙度都有 个相当的范围。当精度达到一定程度后，要继续提高精度，成本会急剧上升。加工同一表面，采用的加工方法不同，加工成本也不一样。任何一种加工方法获得的精度只在一定范围内才是经济的，这种一定范围内的加工精度即为该加工方法的经济精度。经济精度是指在正常加工条件下（采用符合质量标准的设备、工艺装备和标准等级的工人，不延长加工时间）所能达到的加工精度，相应的表面粗糙度称为经济粗糙度。在选择加工方法时，应根据工件的精度要求选择与经济精度相适应的加工方法。常用加工方法的经济精度及表面粗糙度可查阅有关工艺手册。

阅读以上材料并查阅相关资料，结合图 1-7，选择手机支架板模具型腔的加工方法。

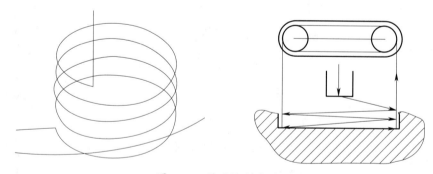

图 1-7　型腔铣削方法

2．确定加工顺序

（1）查阅相关资料，了解工序的划分方法及其适用场合，填写表1-7。

表1-7　　　　　　　　　　　　　　　　工序的划分方法

工序的划分方法	说明	适用场合
按安装次数	一次安装为一道工序	
按所用刀具	同一把刀具加工为一道工序	
按加工部位	加工同一型面为一道工序	
按粗精加工	粗加工一道工序，精加工一道工序	

（2）查阅相关资料，了解工序的划分原则、优缺点及适用场合，填写表1-8。

表1-8　　　　　　　　　　　　　　　　工序的划分原则

工序的划分原则	优点	缺点	适用场合
工序集中			
工序分散			

（3）加工顺序的确定原则：基准先行，先粗后精，先主后次，先面后孔。根据手机支架板模具型腔的加工内容，确定其加工顺序。

3．选择夹紧方案和夹具

夹具通常由定位元件、夹紧装置、对刀引导元件、分度装置、连接元件以及夹具体等组成。工件在数控铣床上装夹时，应根据工件批量的大小选择不同的装夹方式。单件、小批量工件通常采用通用夹具进行装夹，中批量工件通常采用组合夹具进行装夹，大批量工件最好选择专用夹具进行装夹。

机用虎钳具有较好的通用性和经济性，适用于尺寸较小的长方体工件的装夹。常用精密机用虎钳如图 1-8 所示，一般采用机械螺旋式、气动式或液压式夹紧方式。

图 1-8　精密机用虎钳

对于大型工件，无法采用机用虎钳或其他夹具装夹时，可直接采用压板进行装夹。压板通常采用 T 形螺母与螺栓的夹紧方式。

对于除底面以外其余五面要全部加工的零件，无法采用机用虎钳或压板装夹时，可采用精密治具板（图1-9）进行装夹。装夹前在工件底面加工出工艺螺纹孔，再用内六角螺钉锁紧在精密治具板上，最后将精密治具板安装在工作台面上。

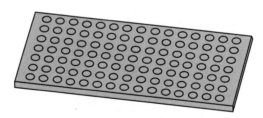

图 1-9　精密治具板

（1）阅读以上材料并查阅相关资料，完成表 1-9 的填写。

表 1-9　　　　　　　　　　　　　　　　　　夹具

类型	定义	特点	应用
通用夹具			

类型	定义	特点	应用
专用夹具			
可调夹具			
组合夹具			

（2）加工手机支架板模具型腔时应选择哪些夹具？

4．选择刀具

铣削刀具选择合理与否直接决定了加工质量和加工效率。刀具的选择是在数控编程的人机交互状态下进行的，应根据加工材料性能、铣削用量、工件结构、加工方式、机床加工能力和承受负荷以及其他相关因素来选择刀具。刀具选择总的原则是安装调整方便、刚度高、使用寿命长和精度高。在满足加工要求的条件下，应该尽量选择较短的刀柄，以提高刀具加工的刚度。

数控铣削所用刀具按其结构形式可分为整体式和镶齿式。整体式刀具的切削刃和刀体是一体的，刀具磨损后需要重新刃磨，而镶齿式刀具一般采用硬质合金刀片，通过一定的方式固定在刀体上，磨损后只需更换刀片即可。数控铣削所用刀具按工艺用途还可分为铣削类、镗削类、钻削类等，可以进行面、轮廓和孔的加工，如图1-10所示。铣平面时，可选用硬质合金可转位面铣刀。面铣刀的圆周表面和端面都有切削刃，端面的切削刃为副切削刃。面铣刀多为成套式镶齿结构，切削部材料为高速钢或硬质合金。

图 1-10　数控铣削用部分刀具

（1）观察表 1-10 中的数控铣削用刀具，查阅相关资料，填写其特点及应用。

表 1-10　　　　　　　　　　　　数控铣削用刀具的特点及应用

名称	图示	特点	应用
面铣刀			
立铣刀			
键槽铣刀			
鼓形铣刀			
成形铣刀			

（2）观察表 1-10 中立铣刀与键槽铣刀，查阅相关资料，填写表 1-11。

表 1-11　　　　　　　　　　　　　　　　立铣刀与键槽铣刀的区别

刀具类型	立铣刀	键槽铣刀
齿数		
切削特点		
切削用量大小		

（3）标准立铣刀根据螺旋角 β 不同可分为 30°、45°、60° 等类型（见图 1-11），在加工时应如何选择？

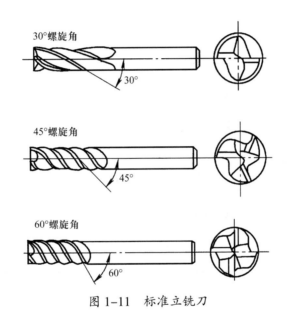

30°螺旋角

45°螺旋角

60°螺旋角

图 1-11　标准立铣刀

（4）一般来说，加工平坦零件时，采用面铣刀；在加工凸台、凹槽时，可选择镶硬质合金刀片的玉米铣刀或高速钢立铣刀；对一些立体型面和变斜角轮廓外形的加工，常采用球头立铣刀、环形铣刀、锥形铣刀和盘形铣刀。

查阅相关资料，说明刀具参数选用的原则和方法。

（5）根据手机支架板模具型腔的加工内容选择刀具，填写表 1-12。

表 1-12　　　　　　　　　　　　　手机支架板模具型腔加工刀具卡

产品名称或代号		零件名称			零件图号	
刀具号	刀具名称	数量	加工内容		刀具规格	

5．确定走刀路线

进行数控铣削加工时，走刀路线对零件的加工精度和表面质量有直接影响。走刀路线的确定与工件的材料、加工余量、刚度、加工精度要求、表面粗糙度要求，机床的类型、刚度、精度，夹具的刚度，刀具的状态、刚度、使用寿命等因素有关。合理的走刀路线是指能保证零件加工精度和表面粗糙度要求、数据处理简单、编程量小、走刀路线短、空行程短的高效率路线。

（1）铣削大面积工件平面时，铣刀不能一次切除所有材料，因此在同一深度需要多次走刀。多次平面铣削的走刀路线有多种，每一种方法在特定环境下具有各自的优点。最为常见的方法为同一深度上的单向多次切削和双向多次切削，结合图1-12进行说明。

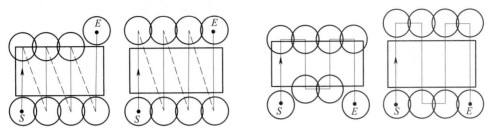

图1-12 多次平面铣削的走刀路线

（2）查阅资料，说明走刀路线的确定原则。

（3）保证最短的空行程路线的方法有哪些？

（4）阅读以上材料并查阅相关资料，设计加工手机支架板模具型腔的走刀路线。

6．确定切削用量

切削用量包括切削速度、背吃刀量和进给量等。对于不同的加工方法，需要选择不同的切削用量。

合理选择切削用量的原则：粗加工时，一般以提高生产效率为主，但也应考虑经济性和加工成本；半精加工和精加工时，应在保证加工质量的前提下，兼顾切削效率、经济性和加工成本。切削用量的具体数值应根据机床说明书、切削用量手册并结合经验而定。

切削速度 v_c 可根据已经选定的背吃刀量、进给量及刀具使用寿命进行选取。实际加工过程中，切削用量一般根据生产实践经验和查表的方法来选取。切削速度 v_c（m/min）确定后，可根据刀具直径 D（mm）按公式 $n=\dfrac{1\,000v_c}{\pi D}$ 来确定主轴转速 n（r/min）。

根据上述材料并查阅相关表格，计算各刀具的切削用量。

7．编制加工工艺卡

根据加工要求，考虑现场的实际条件，小组成员共同分析、讨论并确定合理的加工工艺，编制手机支架板模具型腔加工工艺卡（表 1–13）。

表 1–13　　　　　　　　　　　　手机支架板模具型腔加工工艺卡

手机支架板模具型腔加工工艺卡		材料		图号					共　页	第　页
		产品数量		零件名称						
工序号	工序名称	工序内容		车间	工段	设备	工艺装备	工时		
								准终	单件	

续表

工序号	工序名称	工序内容	车间	工段	设备	工艺装备	工时	
							准终	单件

二、程序编制

Mastercam 软件是美国 CNC Software 公司研发出来的一套计算机辅助制造系统软件。它将 CAD（计算机辅助设计）和 CAM（计算机辅助制造）两大功能综合在一起，是经济有效的 CAD/CAM 软件系统，在世界范围内得到广泛应用。Mastercam 软件包括铣削、车削、实体、木雕、浮雕、线切割六大模块。

1．Mastercam 软件特点

查阅相关资料，在表 1-14 中补充 Mastercam 软件的特点。

表 1-14　　　　　　　　　　　　　　Mastercam 软件特点

序号	特点
1	Mastercam 软件可产生数控程序（NC 程序），本身也具有 CAD 功能；也可将其他绘图软件绘制好的图形，经由一些标准的或特定的转换文件，转换到 Mastercam 软件中，再生成数控程序
2	Mastercam 软件是一套以图形驱动的软件，它应用广泛，操作方便，能同时提供适合目前国际上通用的各种数控系统的后处理程序文件
3	Mastercam 软件能模拟刀具路径和计算加工时间，可转换成刀具路径图
4	
5	

2．Mastercam 软件功能

（1）面铣削加工

面铣削加工是对工件的平坦平面进行平面铣削加工，用户可以选择一个或多个外形边界进行平面加工。在加工时，大都采用大刀具。

依次选择"机床类型""铣床""默认""刀具路径""面铣"命令，然后在视图中选择要加工的 2D 外形轮廓，将弹出"2D 刀路 – 平面铣削"对话框。

1）结合图 1-13，说明平面铣削的设置方法。

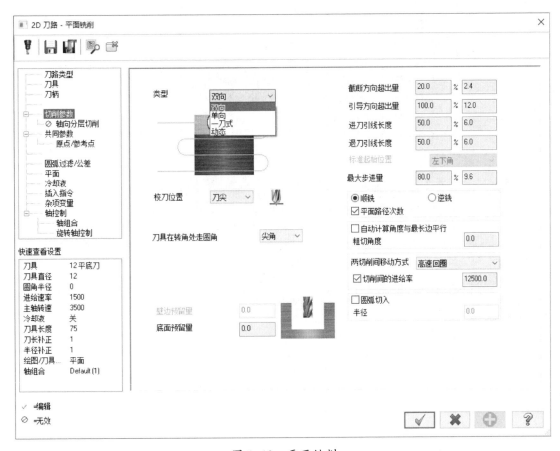

图 1-13　平面铣削

2）说明图 1-14 中切削方式的名称及特点。

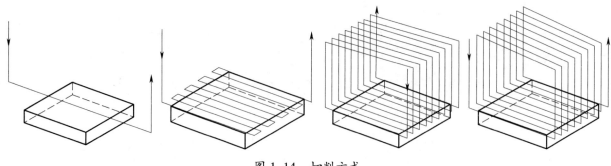

图 1-14　切削方式

（2）外形铣削

1）查阅资料，说明外形铣削的形式和应用。

2）外形铣削中刀具补正形式有哪几种？

（3）加工转角

在加工转角时，系统提供了哪几种转角设置方式？

（4）几何对象转换

几何对象转换包括哪几项功能？

3. 填写手机支架板模具型腔刀路设计表的加工参数设置，将软件中的仿真图示截图并打印后粘贴于表 1–15 中。

表 1–15　　　　　　　　　　　手机支架板模具型腔刀路设计表

序号	编程图示	仿真图示	加工参数设置
1			加工刀路：_____ 加工余量：_____ 刀具：_____ 主轴转速：_____ 切削速度：_____

续表

序号	编程图示	仿真图示	加工参数设置
2	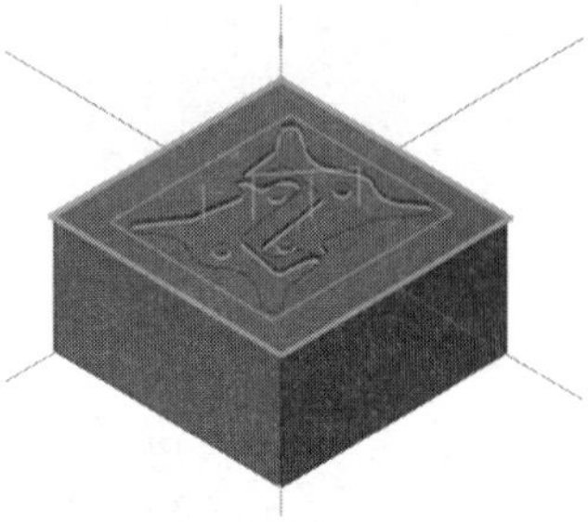		加工刀路：_____ 刀具：_____ 主轴转速：_____ 切削速度：_____ 精加工刀次：_____
3	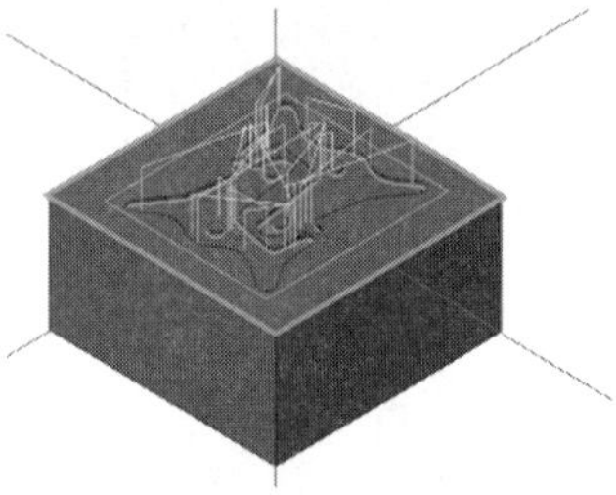		加工刀路：_____ 刀具：_____ 主轴转速：_____ 切削速度：_____ 精加工刀次：_____
4	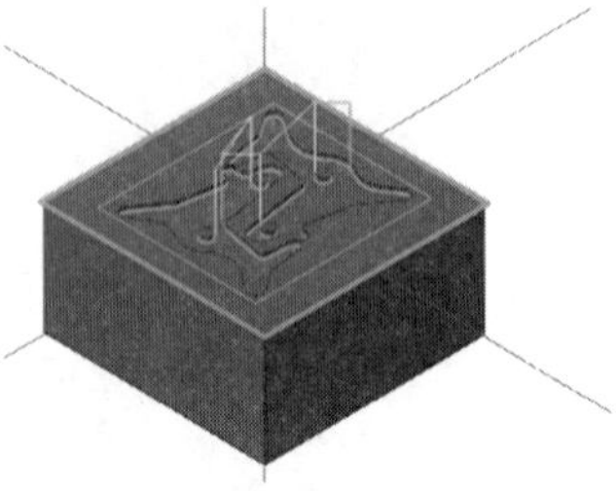		加工刀路：_____ 刀具：_____ 主轴转速：_____ 切削速度：_____ 精加工刀次：_____

三、工作计划制订

根据任务要求制订合理的工作计划，并根据小组成员的特点进行分工，填写表 1–16。

表 1–16　　　　　　　　　　手机支架板模具型腔加工工作计划

序号	开始时间	结束时间	工作内容	工作要求	备注

学习活动3　手机支架板模具型腔加工

 学习目标

> 1. 能了解数控车间与工作区的范围和限制，理解企业的环境、安全、卫生和事故预防标准。
>
> 2. 能检查工作区、设备、工具、材料的状况和功能。
>
> 3. 能查阅相关资料，根据现场条件选用符合加工技术要求的工具、量具、刀具。
>
> 4. 能熟练装夹工件，并对其进行找正。
>
> 5. 能掌握切削液的种类和使用场合，正确选择加工手机支架板模具型腔要用的切削液。
>
> 6. 能正确、规范地装夹刀具，并正确对刀。
>
> 7. 能根据车间管理规定，正确、规范地操作数控铣床加工零件，并记录加工中不合理之处，及时处理。
>
> 8. 能按车间现场6S管理规定和产品工艺流程的要求，正确放置工具、产品，正确、规范地保养机床，进行产品交接并规范填写交接班记录表。
>
> 建议学时　16学时。

 学习过程

一、加工准备

1．熟悉工作环境

了解数控车间与工作区的范围和限制，理解企业的环境、安全、卫生和事故预防标准并记录。

2．领取工具、量具、刀具

领取工具、量具、刀具，并填写表1–17。

表1–17   工具、量具、刀具清单

序号	名称	规格	数量	备注

3．领取毛坯

领取毛坯，测量并记录所领毛坯的实际外形尺寸，判断毛坯是否有足够的加工余量。

4．选择切削液

根据加工对象及所用刀具，选择本学习任务所用的切削液。

二、加工过程

1．开机准备

（1）做好开机前的各项常规检查工作。

（2）规范启动机床。

（3）机床各坐标轴回参考点。

（4）输入数控程序并校验。

查阅相关资料，简述锁住机床校验程序的方法。

2．工件的装夹

（1）简述加工手机支架板模具型腔时工件装夹的注意事项。

（2）如果不校正工件在机用虎钳中的位置，会对工件的尺寸产生哪些影响？

3．刀具的安装

（1）将本学习任务所用刀具安装在刀柄上，并记录安装步骤。

（2）完成刀柄在主轴上的安装，并记录安装步骤。

4．对刀

简述对刀操作的主要步骤。通过试切法进行对刀操作，并记录 G54 数值。

5．输入对刀数值

说明将 G54 数值输入机床中的方法和步骤。

6．自动加工

（1）加工过程中注意观察刀具切削情况，在表 1-18 中记录加工中不合理之处并及时处理，提高工作效率。

表 1-18　　　　　　　　　　　　　　加工中不合理之处及处理方法

序号	加工中不合理之处	处理方法

（2）实际加工中，切削速度可以根据加工实际情况通过倍率开关进行调整。简述调整倍率开关的作用。

（3）粗加工完毕，精确测量加工尺寸，根据测量结果修改参数后再进行精加工。若加工尺寸偏大，应如何修整？

三、机床保养，场地清理

加工完毕，按照车间规定整理现场，清扫切屑，保养机床，并正确处置废油液等废弃物；按车间规定填写交接班记录（表1-19）和设备日常保养记录卡（表1-20）。

表1-19　　　　　　　　　　　　　　交接班记录

设备名称：＿＿＿＿＿＿＿＿　　　　设备编号：＿＿＿＿＿＿＿＿　　　　使用班组：＿＿＿＿＿＿＿＿

项目	交接机床	交接工具、量具、夹具、刀具			交接图样	交接材料	交接成品件	交接半成品件	工艺技术交流
数量、使用情况（交班人填）									
交班人									
接班人									
日期									

表1-20

设备日常保养记录卡

设备名称：＿＿＿＿　　设备编号：＿＿＿＿　　使用部门：＿＿＿＿　　保养年月：＿＿＿＿　　存档编码：＿＿＿＿

日期 保养内容	1	2	3	4	5	6	7	8	9	10	11	12	13	14	15	16	17	18	19	20	21	22	23	24	25	26	27	28	29	30	31
环境卫生																															
机身整洁																															
加油润滑																															
工具整齐																															
电器损坏																															
机械损坏																															
保养人																															
机械异常 备注																															

审核人：＿＿＿＿　　　　　　　　　　　　　　　　　　　　　　　　＿＿＿＿年＿＿＿月＿＿＿日

注：保养后，用"√"表示日保；"△"表示周保；"○"表示月保；"Y"表示一级保养；"×"表示有损坏或异常现象，应在"机械异常备注"栏予以记录。

学习活动 4　手机支架板模具型腔的检测与质量分析

学习目标

1. 能正确分析手机支架板模具型腔需要测量的要素，并根据测量要素说明量具的相应检测内容。

2. 能根据图样要求正确检测手机支架板模具型腔的加工质量。

3. 能根据检测结果，分析误差产生的原因，优化加工策略。

4. 能对量具进行合理的维护和保养。

5. 能按检验室管理要求，正确放置检验用工具、量具。

建议学时　4学时。

学习过程

一、领取检测用量具

1. 手机支架板模具型腔需要测量哪些要素？

2．根据测量要素，说明量具的相应检测内容，并填入表 1-21。

表 1-21　　　　　　　　　　　　　　　量具及检测内容

序号	量具名称	检测内容

二、检测零件，填写质量检验单

根据图样要求检测手机支架板模具型腔，并将检测结果填入表 1-22。

表 1-22　　　　　　　　　　　　手机支架板模具型腔检测记录表

序号	名称	配分	项目与技术要求	评分标准	检测结果		得分
					自检	三坐标检测	
1	主要尺寸	10	28 mm	超差不得分			
2		10	36 mm	超差不得分			
3		10	ϕ 5 mm	超差不得分			
4		10	18 mm	超差不得分			
5	次要尺寸	10	25 mm	超差不得分			
6		10	32 mm	超差不得分			
7		5	10 mm	超差不得分			
8		5	15 mm	超差不得分			
9	表面质量	5	$Ra3.2\ \mu m$	降级不得分			
10	主观评分	5	已加工零件去毛刺是否符合图样要求				
11		2.5	已加工零件是否有划伤、碰伤和夹伤				
12		2.5	已加工零件与图样要求的一致性				

续表

序号	名称	配分	项目与技术要求	评分标准	检测结果		得分
					自检	三坐标检测	
13	更换毛坯	3	是否更换或添加毛坯	是 / 否			
14	职业素养	3	能正确穿戴工作服、工作鞋、安全帽等劳动防护用品。每违反一项，扣 1 分				
15		3	能按机床使用规范正确进行开关机、对刀等基本操作。每误操作一次，扣 1 分				
16		3	能规范使用及保养工具、量具和辅具。每误操作一次，扣 1 分				
17		3	能做好设备清洁、保养工作。每违反一项，扣 1 分				
总配分		100	总得分				

注：三坐标检测应由检验人员完成。

三、质量分析

分析不合格产品原因，提出修改方案，并填入表 1–23 中。

表 1–23　　　　　　　　　　不合格项目产生原因及改进方法

不合格项目	产生原因	改进方法

学习活动 5　工作总结与评价

 学习目标

> 1. 能按照学生自我评价表完成自评。
>
> 2. 能结合自身任务完成情况，正确、规范地撰写工作总结（心得体会）。
>
> 3. 能对学习与工作进行反思与总结，并能与他人开展良好合作，进行有效的沟通。
>
> 4. 能在作业过程中严格执行企业操作规范、安全生产制度、环保管理制度以及 6S 管理规定，严格遵守从业人员的职业道德，树立吃苦耐劳、爱岗敬业的工作态度和职业责任感。
>
> 5. 能与班组长、工具管理员等相关人员进行有效的沟通与合作，理解有效沟通和团队合作的重要性。
>
> 建议学时　2 学时。

 学习过程

学习评价以学习目标为导向，围绕学习过程设计评价要点，依据多元评价理论，从不同角度评价综合职业能力和职业素质。学习评价由自我评价、小组评价和教师评价三部分组成，最终成绩按下式进行计算：总评成绩 = 自我评价（40%）+ 小组评价（10%）+ 教师评价（50%）。

一、自我评价

通过自我评价发现自己存在的问题和不足，自我评价总分占总评成绩的 40%。

填写学生自我评价表（表 1-24）。

表 1-24　　　　　　　　　　　　　学生自我评价表

班级：＿＿＿＿＿＿　　学生姓名：＿＿＿＿＿＿　　学号：＿＿＿＿＿＿

评价项目	评价内容	评价标准 / 分			得分
		偶尔	经常	完全	
知识技能	能独立捕捉任务信息，明确工作任务与要求，制订工作计划	0 ~ 2	3 ~ 4	5 ~ 7	
	能认真听讲，根据任务要求，合理选择指令，编辑加工程序并校验	0 ~ 2	3 ~ 4	5 ~ 7	
	能主动参与角色分工，全程参与工作任务	0 ~ 2	3 ~ 4	5 ~ 7	
	能认真观看微课、课件和教师示范操作，能进行刀具、工件的正确装夹并对刀	0 ~ 2	3 ~ 4	5 ~ 7	
	能规范、有序地进行零件的加工	0 ~ 4	5 ~ 7	8 ~ 10	
	能通过小组协作选用合适的量具对产品进行测量	0 ~ 2	3 ~ 4	5 ~ 7	
职业素质	能按时出勤，规范着装。遵守课堂学习纪律，不做与学习任务无关的事情	0 ~ 2	3 ~ 4	5 ~ 7	
	生产操作中，能善于发现并勇于指出操作员的不规范操作	0 ~ 2	3 ~ 4	5 ~ 7	
	能主动分析、思考问题，积极发表对问题的看法，提出建议，解决问题	0 ~ 4	5 ~ 7	8 ~ 10	
	能主动参与团队安排的工作，互助协作，分享并倾听意见，进行反思与总结，完善自我	0 ~ 2	3 ~ 4	5 ~ 7	
	能保持认真细致、精益求精的工作态度	0 ~ 4	5 ~ 7	8 ~ 10	
	能积极参与汇报工作（若是汇报员，应表述清晰，准确运用专业术语，非汇报员应协作整合汇报资料和方案）	0 ~ 2	3 ~ 4	5 ~ 7	
	遵守实训车间的 6S 管理规定	0 ~ 2	3 ~ 4	5 ~ 7	
任务总体表现（总评分）					

二、小组评价

小组评价由"组内工作过程考核互评"和"组间展示互评"两部分组成。"组间展示互评"把个人制作好的零件先进行分组展示，再由小组推荐代表做工作过程的介绍。在展示的过程中，以组为单位进行评价；评价完成后，根据其他组成员对本组展示的成果评价意见进行归纳总结。小组评价总分占总评成绩的10%。

填写组内工作过程考核互评表（表1-25）。

表1-25　　　　　　　　　　　　　　组内工作过程考核互评表

学习任务名称	班级	姓名	学号

序号	评价内容	评价标准 / 分			得分
		偶尔	经常	完全	
1	能主动完成教师布置的任务和作业	0 ~ 4	5 ~ 7	8 ~ 10	
2	能认真听教师讲课，听同学发言	0 ~ 4	5 ~ 7	8 ~ 10	
3	能积极参与讨论，与他人良好合作	0 ~ 4	5 ~ 7	8 ~ 10	
4	能独立查阅资料，观看微课，形成意见文本	0 ~ 4	5 ~ 7	8 ~ 10	
5	能积极地就疑难问题向同学和教师请教	0 ~ 4	5 ~ 7	8 ~ 10	
6	能积极参与分工合作，并指出同学在操作中的不规范行为	0 ~ 4	5 ~ 7	8 ~ 10	
7	能规范操作数控机床进行产品加工	0 ~ 4	5 ~ 7	8 ~ 10	
8	能在正确测量后耐心细致地修改加工参数，保证产品质量	0 ~ 4	5 ~ 7	8 ~ 10	
9	能按车间管理要求，规范摆放工具、量具、刀具，整理及清扫现场	0 ~ 4	5 ~ 7	8 ~ 10	
10	能认真总结并反思产品加工中出现的问题	0 ~ 4	5 ~ 7	8 ~ 10	
任务总体表现（总评分）					

填写组间展示互评表（表 1-26 ）。

表 1-26　　　　　　　　　　　　　　　　组间展示互评表

学习任务名称		班级	组名	汇报人

序号	评价内容	评价程度及评价标准 / 分			得分
1	展示的零件是否符合技术标准	不符合□ 0 ~ 4	一般□ 5 ~ 7	符合□ 8 ~ 10	
2	小组介绍成果表达是否清晰	不清晰□ 0 ~ 4	一般，常补充□ 5 ~ 7	清晰□ 8 ~ 10	
3	小组介绍的加工方法是否正确	不正确□ 0 ~ 4	部分正确□ 5 ~ 7	正确□ 8 ~ 10	
4	小组汇报成果表述是否逻辑正确	不正确□ 0 ~ 4	部分正确□ 5 ~ 7	正确□ 8 ~ 10	
5	小组汇报成果专业术语是否表达正确	不正确□ 0 ~ 4	部分正确□ 5 ~ 7	正确□ 8 ~ 10	
6	小组组员和汇报人解答其他组提问是否正确	不正确□ 0 ~ 4	部分正确□ 5 ~ 7	正确□ 8 ~ 10	
7	汇报或模拟加工过程操作是否规范	不规范□ 0 ~ 4	部分规范□ 5 ~ 7	规范□ 8 ~ 10	
8	小组的检测量具、量仪保养是否正确	不正确□ 0 ~ 4	部分正确□ 5 ~ 7	正确□ 8 ~ 10	
9	小组是否具有团队创新精神	不足□ 0 ~ 4	一般□ 5 ~ 7	良好□ 8 ~ 10	
10	小组汇报展示的方式是否新颖（利用多媒体等手段）	一般□ 0 ~ 4	良好□ 5 ~ 7	新颖□ 8 ~ 10	
任务总体表现（总评分）					
小组汇报中的问题和建议					

三、教师评价

首先，教师对展示的作品分别做评价：一是找出各组的优点进行点评；二是对展示过程中各组的缺点进行点评，提出改进方法；三是对整个任务完成中的亮点和不足进行点评。然后，根据学生的具体行为表现按教师评价表（表 1–27）进行评价，教师评价总分占总评成绩的 50%。

填写教师评价表。

表 1–27　　　　　　　　　　　　　　　　　教师评价表

班级：_____　　学生姓名：_____　　学号：_____

评价项目	评价内容	评价标准 / 分			得分
		偶尔	经常	完全	
能否承担职责	能主动参与分工，尽心尽责全程参与工作任务	0 ~ 4	5 ~ 7	8 ~ 10	
能否服从管理	能时刻服从组长和教师工作安排，积极完成工作	0 ~ 4	5 ~ 7	8 ~ 10	
能否独立思考	能独立发现问题，思考问题，积极发表对问题的看法，提出建议，解决问题	0 ~ 4	5 ~ 7	8 ~ 10	
能否团结互助	能主动交流、协作	0 ~ 4	5 ~ 7	8 ~ 10	
是否有规范意识	能按照车间操作规范进行操作，遵守设备使用要求，维持场地环境整洁	0 ~ 5	6 ~ 10	11 ~ 15	
能否严谨踏实	能认真、细致地按照加工流程完成产品加工	0 ~ 4	5 ~ 7	8 ~ 10	
能否勇于表达	能在加工操作中善于发现并勇于指出操作员的不规范操作，并积极参与汇报	0 ~ 4	5 ~ 7	8 ~ 10	
是否有质量意识	能对产品质量精益求精，达到好的产品加工结果（刀补调试参数和切削参数是否为最优，以零件表面粗糙度和尺寸精度为准）	0 ~ 5	6 ~ 10	11 ~ 15	
能否反思与总结	能反思与总结影响产品质量的因素	0 ~ 4	5 ~ 7	8 ~ 10	
总体意见					
任务总体表现（总评分）					

四、总结提升

试结合自身任务完成情况，撰写本次任务的工作总结（包含影响产品质量的因素、工艺顺序安排的依据和重要性、企业制订工作生产计划的理由等）。

工作总结（心得体会）

世赛知识

世界技能大赛竞赛形式

世界技能大赛既是一种国际技能交流的赛事，也是一种开放式和展示性的活动。每届世界技能大赛都会在公共会展场馆举行，面向社会公众全程开放，而且赛场上还会设置各种各样的观众体验和互动活动，公众除了参观，还可以体验技能操作，或作为志愿者参与到项目竞赛中（美容、美发、餐厅服务等项目竞赛中所服务的部分对象是现场招募的）。

具体来说，世界技能大赛的竞赛形式呈现出以下特点：来自各个国家（地区）的观众可以进入竞赛场馆，近距离参观选手的竞赛过程；各项目的比赛区域周围只有一圈约 1 m 高的围栏，观众可以站在围栏外面看到竞赛选手的每一个动作；赛场设有"技能表演区"和"互动体验区"，参观者可以亲身体验技能操作；大赛前夕，主办方通常会开展大量推广宣传活动，吸引职业院校学生、中小学生及其家长、社会各方人士入场观摩，如图 1-15 所示。

图 1-15　第 45 届世界技能大赛现场，喀山当地学生来参观比赛

中小学生往往是赛场观众中最为活跃的群体，如图 1-16 所示。一方面，他们可以看到各种各样先进的、新奇的技能；另一方面，通过尝试和体验，他们能在不知不觉中发现自己的兴趣。

图 1-16　中小学生体验技能操作

这正是世界技能大赛主办方所希望看到的，他们希望孩子们在亲身体验各种职业技能之后，能够对职业教育产生更多的兴趣，认识到未来不是只有普通教育一条道路。

学习任务二　玩具汽车车底模具型芯的数控铣加工

学习目标

1. 能通过查阅资料了解玩具汽车车底模具型芯所用材料的牌号、性能及用途。

2. 能识读玩具汽车车底模具型芯零件图，说出其主要加工尺寸、几何公差、表面粗糙度等要求。

3. 能运用 Mastercam 软件绘制直线、矩形、多边形、椭圆等。

4. 能掌握中心钻、标准麻花钻、扩孔钻和锪钻等孔加工刀具的特点和应用。

5. 能正确分析玩具汽车车底模具型芯加工工艺，编制合理的加工工艺卡。

6. 能正确运用刀具半径补偿功能，并编制玩具汽车车底模具型芯刀路设计表。

7. 能制订合理的玩具汽车车底模具型芯加工工作计划。

8. 能根据车间管理规定，正确、规范地操作机床加工零件，记录加工中不合理之处并及时处理。

9. 能根据图样要求正确检测玩具汽车车底模具型芯的加工质量，并根据检测结果分析误差产生的原因，优化加工策略。

10. 能主动获取有效信息，展示工作成果，对学习与工作进行反思与总结，优化方案和策略，具备知识迁移能力。

建议学时

30 学时。

工作情景描述

某模具厂通过业务洽谈与某塑料制件厂签订了玩具汽车车底模具型芯制作合同。塑料制件厂提供产品（玩具汽车车底）零件图，要求模具型芯寿命为 8 万次，交货期为 10 天。模具厂设计人员按照塑料制件厂要求进行模具型芯设计，完成图样绘制后，安排模具生产车间模具工加工模具型芯，模具型芯经检验合格后交付塑料制件厂使用。

产品图及模具型芯图

玩具汽车车底、玩具汽车车底模具型芯分别如图 2-1、图 2-2 所示。

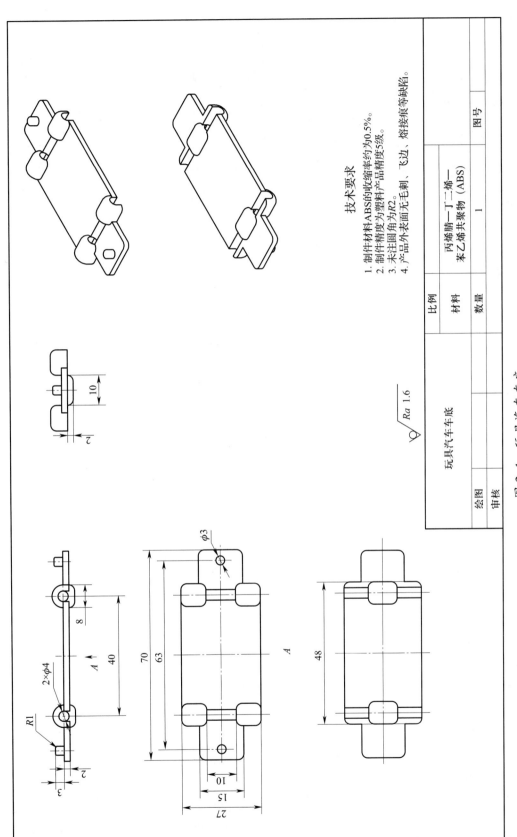

技术要求

1. 制件材料ABS的收缩率约为0.5%。
2. 制件精度为塑料产品精度5级。
3. 未注圆角为R2。
4. 产品外表面无毛刺、飞边、熔接痕等缺陷。

$\sqrt{Ra\ 1.6}$

玩具汽车车底		比例			
		材料	丙烯腈—丁二烯—苯乙烯共聚物（ABS）		
		数量	1		
绘图				图号	
审核					

图 2-1 玩具汽车车底

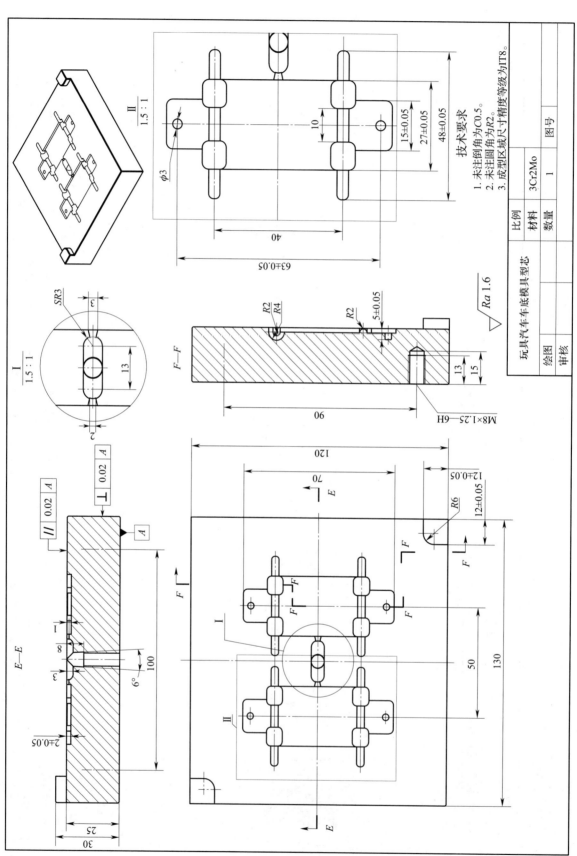

技术要求
1. 未注倒角为C0.5。
2. 未注圆角为R2。
3. 成型区域尺寸精度等级为IT8。

玩具汽车车底模具型芯

图 2-2 玩具汽车车底模具型芯

 **生产派工单**

生产派工单见表2-1。

表2-1　　　　　　　　　　　　　　生产派工单

单号：＿＿＿＿＿　开单部门：＿＿＿＿＿　开单人：＿＿＿＿＿

开单时间：＿＿＿＿年＿＿月＿＿日＿＿时　接单人：＿＿部＿＿小组＿＿（签名）

以下由开单人填写				
产品名称	玩具汽车车底模具型芯		完成工时	
产品技术要求	按图样加工，满足使用功能要求			
以下由接单人和确认方填写				
领取材料 （含消耗品）			成 本 核 算	金额合计： 仓管员（签名） 　　　　年　月　日
领用工具				
操作者 检测				（签名） 　　　　年　月　日
班组 检测				（签名） 　　　　年　月　日
质检员 检测	□合格　　□不良　　□返修　　□报废			（签名） 　　　　年　月　日

工作流程与活动

1．玩具汽车车底模具型芯加工准备（4学时）

2．玩具汽车车底模具型芯加工工艺分析及计划制订（4学时）

3．玩具汽车车底模具型芯加工（16学时）

4．玩具汽车车底模具型芯的检测与质量分析（4学时）

5．工作总结与评价（2学时）

学习活动1　玩具汽车车底模具型芯加工准备

学习目标

> 1. 能通过查阅资料了解玩具汽车车底模具型芯所用材料的牌号、性能及用途。
>
> 2. 能识读玩具汽车车底模具型芯零件图，说出其主要加工尺寸、几何公差、表面粗糙度等要求。
>
> 3. 能掌握不同数控铣削方式的特点和应用。
>
> 4. 能运用 Mastercam 软件绘制直线、矩形、多边形、椭圆等。
>
> 建议学时　4学时。

学习过程

一、阅读生产派工单，明确任务要求

1. 查阅相关资料，说明玩具汽车车底模具型芯的作用。

2. 用于制作玩具汽车车底模具型芯的材料应具有怎样的性能才能满足模具型芯的功能要求？

3．分析零件图样，在表 2-2 中写出型芯的主要加工尺寸、几何公差及表面粗糙度要求，为零件的编程、加工做准备。

表 2-2　　　　　　　　　　　　　　　　　型芯的加工要求

序号	项目	内容	偏差范围（数值）
1	主要加工尺寸		
2	几何公差		
3	表面粗糙度		

二、数控铣削方式

根据铣床的结构将铣削方式分为立铣和卧铣，由于数控铣削一个工序中一般要加工多个表面，所以常见的数控铣床多为立式铣床。根据铣刀切削刃的形式和方位将铣削方式分为周铣和端铣，用分布于铣刀圆柱面上的刀齿铣削工件表面称为周铣，用分布于铣刀端平面上的刀齿进行铣削称为端铣，数控铣削加工常用周铣、端铣组合加工曲面和型腔。根据铣刀和工件的相对运动将铣削方式分为顺铣和逆铣，查阅相关资料，填写表 2-3。

表 2-3　　　　　　　　　　　　　　　　　顺铣和逆铣的对比

方式	定义	图示	特点	应用
顺铣				
逆铣				

三、Mastercam 软件绘制功能

查阅 Mastercam 软件使用说明并上机操作，说明在 Mastercam 软件中实现如下绘制功能的步骤。

1．绘制直线

Mastercam 软件提供了 4 种绘制直线方式。结合图 2–3 说明绘制直线的方法和步骤。

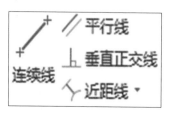

图 2-3　绘制直线

（1）连续线

（2）平行线

（3）垂直正交线

（4）近距线

2．绘制矩形

结合图 2-4，说明绘制矩形的方法和步骤。

图 2-4　绘制矩形

3．绘制多边形

结合图 2-5，说明绘制多边形的方法和步骤。

图 2-5　绘制多边形

4．绘制椭圆

绘制椭圆功能就是通过定义椭圆中心点、X 轴半径和 Y 轴半径创建图形。结合图 2-6，说明绘制椭圆的方法和步骤。

图 2-6　绘制椭圆

学习活动 2　玩具汽车车底模具型芯加工工艺分析及计划制订

 **学习目标**

　　1. 能合理选择孔加工的方法。

　　2. 能结合玩具汽车车底模具型芯的结构特点选择夹紧方案及夹具。

　　3. 能掌握中心钻、标准麻花钻、扩孔钻和锪钻等孔加工刀具的特点和应用。

　　4. 能正确编制玩具汽车车底模具型芯加工刀具卡。

　　5. 能正确选择刀具切入、切出的方法。

　　6. 能正确设计玩具汽车车底模具型芯的走刀路线。

　　7. 能合理确定切削用量。

　　8. 能根据分析的玩具汽车车底模具型芯加工工艺，编制合理的加工工艺卡。

　　9. 能正确运用刀具半径补偿功能。

　　10. 能编制玩具汽车车底模具型芯刀路设计表。

　　11. 能制订合理的玩具汽车车底模具型芯加工工作计划。

　　建议学时　4学时。

 学习过程

一、加工工艺分析

1. 选择加工方法

（1）查阅相关资料，说明孔加工的技术要求。

（2）孔加工方法的选择

1）选择原则。孔加工方法的选择原则是保证加工尺寸的精度和表面粗糙度要求。由于获得同一级精度及表面粗糙度的加工方法有多种，因此，在实际选择时，要结合零件的形状、尺寸、批量、毛坯材料及毛坯热处理等情况合理选用。此外，还应考虑生产效率和经济性的要求以及企业的生产设备等实际情况。常用加工方法的经济精度及表面粗糙度可查阅相关工艺手册。

2）孔的推荐加工方法。在数控铣床上常用于加工孔的方法有钻孔、扩孔、铰孔、镗孔及攻螺纹等。通常情况下，在数控铣床上能较方便地加工出 IT9 ～ IT7 级精度的孔，孔的推荐加工方法见表 2-4。

表 2-4　　　　　　　　　　　　　　　　　孔的推荐加工方法

孔的精度	有无预孔	孔尺寸 /mm				
		0 ～ 12	12 ～ 20	20 ～ 30	30 ～ 60	60 ～ 80
IT11 ～ IT9	无	钻→铰	钻→扩		钻→扩→镗（或铰）	
	有	粗扩→精扩；粗镗→精镗（余量少可一次性扩孔或镗孔）				
IT8	无	钻→扩→铰	钻→扩→精镗（或铰）		钻→扩→粗镗→精镗	
	有	粗镗→半精镗→精镗（或精铰）				
IT7	无	钻→粗铰→精铰	钻→扩→粗铰→精铰；钻→扩→粗镗→半精镗→精镗			
	有	粗镗→半精镗→精镗（如仍达不到精度要求，还可进一步采用精细镗）				

关于表 2-4 的说明如下：

① 加工直径小于 30 mm 且没有预孔的毛坯孔时，为了保证钻孔的定位精度，可选择在钻孔前先将孔口端面铣平或采用钻中心孔的加工方法。

② 对于表中的扩孔及粗镗孔加工，可采用立铣刀铣孔的加工方法。

③ 加工螺纹孔时，先加工出螺纹底孔，对于 M6 以下的螺纹，通常不在数控铣床上加工；对于 M6 ～ M20 的螺纹，通常采用攻螺纹的加工方法；对于 M20 以上的螺纹，可采用螺纹镗刀镗削加工。

通过阅读以上材料并查阅相关资料，结合玩具汽车车底模具型芯的表面质量及尺寸要求，选择孔的加工方法。

2．确定加工顺序

结合图 2-2 所示玩具汽车车底模具型芯的加工要求和结构特点，确定本任务的加工顺序。

3．选择夹具

查阅相关资料，结合玩具汽车车底模具型芯的结构特点选择夹紧方案及夹具。

4．选择刀具

数控铣床常用孔加工刀具（图 2-7）有中心钻、标准麻花钻、扩孔钻和锪钻等。麻花钻由工作部分和柄部两部分组成。工作部分包括切削部分和导向部分，而柄部有莫氏锥柄和圆柱柄两种。刀具材料常使用高速钢和硬质合金。

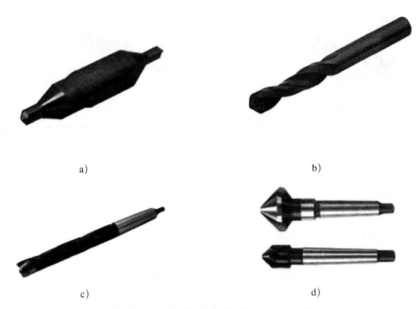

图 2-7　数控铣床常用孔加工刀具
a）中心钻　b）标准麻花钻　c）扩孔钻　d）锪钻

（1）中心钻

中心钻（图 2-7a）主要用于孔的定位，由于切削部分的直径较小，因此，用中心钻钻孔时应选取较高的转速。

（2）标准麻花钻

标准麻花钻（图 2-7b）的切削部分由两条主切削刃、两条副切削刃、一条横刃和两条螺旋槽组成。在数控铣床上钻孔时，因无钻模导向，受两主切削刃上切削力不对称的影响，容易将孔钻偏，故要求两主切削刃有较高的刃磨精度（两刃长度一致，顶角对称于麻花钻中心线，或先用中心钻定中心，再用麻花钻钻孔）。

（3）扩孔钻

扩孔钻（图 2-7c）一般有 3 ~ 4 条主切削刃，切削部分的材料为高速钢或硬质合金，结构形式有直柄式、锥柄式和套式等。在小批量生产时，常用麻花钻改制或直接用标准麻花钻代替。

（4）锪钻

锪钻（图 2-7d）主要用于加工锥形沉孔或平底沉孔。锪孔的主要问题是所锪端面或锥面产生振痕。因此，在锪孔过程中要特别注意刀具参数和切削用量的正确选用。

（5）铰刀

数控铣床采用的铰刀有普通标准铰刀、机夹硬质合金刀片单刃铰刀和浮动铰刀等。铰孔的加工精度可达 IT9 ~ IT6 级，表面粗糙度值为 $Ra1.6 ~ 0.8 \mu m$。

标准铰刀（图 2-8）有 4 ~ 12 齿，由工作部分、颈部和柄部三部分组成。整体式铰刀的柄部有直柄和锥柄之分，直径较小的铰刀一般做成直柄形式，直径较大的铰刀常做成锥柄形式。

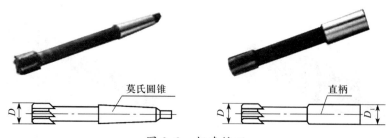

图 2-8 标准铰刀

（6）螺纹孔加工刀具

数控铣床大多采用攻螺纹的方法加工内螺纹。此外，还采用螺纹铣削刀具加工螺纹孔。

丝锥（图 2-9）由工作部分和柄部组成。工作部分包括切削部分和校准部分。

图 2-9 丝锥

通过阅读以上材料，根据玩具汽车车底模具型芯的加工内容进行刀具的选择，填写表 2-5。

表 2-5　　　　　　　　　　　玩具汽车车底模具型芯加工刀具卡

产品名称或代号		零件名称			零件图号	
刀具号	刀具名称	数量	加工内容		刀具规格	

5．确定走刀路线

（1）切入、切出方法的选择

采用立铣刀侧刃铣削轮廓类零件时，为减少接刀痕迹，保证零件表面质量，铣刀的切入和切出点应选在零件轮廓曲线的延长线上（见图 2-10A—B—C—B—D），而不应沿法向直接切入零件，以避免加工表面产生刀痕，保证零件轮廓光滑。

铣削内轮廓表面时，如果切入和切出无法外延，切入与切出应尽量采用圆弧过渡（图 2-11）。在无法实现圆弧过渡时，铣刀可沿零件轮廓的法线方向切入和切出，但须将其切入、切出点选在零件轮廓两几何元素的交点处。

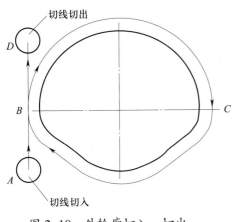

图 2-10　外轮廓切入、切出

图 2-11　内轮廓切入、切出

（2）铣削内槽的走刀路线

图 2-12 所示为铣削内槽的三种走刀路线，图 2-12a、b 分别为用行切法和环切法铣削内槽。两种走刀路线的共同点是都能切净内腔中的全部面积，不留死角，不伤轮廓，同时尽量减少重复进给。不同点是行切法的走刀路线比环切法短，但行切法将在每两次进给的起点与终点间留下残留面积，而达不到所要求的表面粗糙度；用环切法获得的表面粗糙度要好于行切法，但环切法需要逐次向外扩展轮廓线，刀位点计算稍微复杂一些。结合以上资料，说明利用图 2-12c 所示的行切 + 环切法的优势。

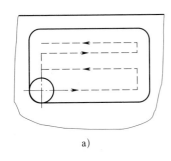 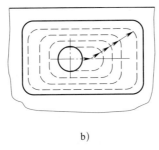 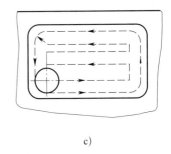

a)　　　　　　　　　　　　b)　　　　　　　　　　　　c)

图 2-12　铣削内槽的走刀路线

a）行切法　b）环切法　c）行切 + 环切法

（3）设计玩具汽车车底模具型芯的走刀路线。

6．确定切削用量

加工孔时，确定合理的切削用量同样不可忽视，具体数值可根据机床说明书、切削用量手册，并结合经验而定，常用碳素钢材料切削用量的推荐值可参考表 2-6。

表 2-6　　　　　　　　　　　　　　常用碳素钢材料切削用量的推荐值

刀具名称	刀具材料	切削速度 /（m/min）	进给量 /（mm/r）	背吃刀量 /mm
中心钻	高速钢	20 ~ 40	0.05 ~ 0.10	0.5D
标准麻花钻	高速钢	20 ~ 40	0.15 ~ 0.25	0.5D
	硬质合金	40 ~ 60	0.05 ~ 0.20	0.5D
扩孔钻	硬质合金	45 ~ 90	0.05 ~ 0.40	≤ 2.5
机用铰刀	高速钢	3 ~ 10	0.2 ~ 1	0.10 ~ 0.30
机用丝锥	硬质合金	6 ~ 12	P	0.5P

注：D 为刀具直径，P 为螺距。

根据选择的刀具及刀具材料，查阅刀具切削参数表，计算切削用量（转速 $n=\dfrac{1\,000v_c}{\pi D}$，进给速度 $v_f = f_z zn$）。

7．编制加工工艺卡

根据加工要求，考虑现场的实际条件，小组成员共同分析、讨论并确定合理的加工工艺，编制玩具汽车车底模具型芯加工工艺卡（表2-7）。

表2-7　　　　　　　　　　　　玩具汽车车底模具型芯加工工艺卡

玩具汽车车底模具型芯加工工艺卡		材料		图号				
		产品数量		零件名称			共　页	第　页
工序号	工序名称	工序内容	车间	工段	设备	工艺装备	工时	
							准终	单件

续表

工序号	工序名称	工序内容	车间	工段	设备	工艺装备	工时	
							准终	单件

二、程序编制

1. 刀具半径补偿功能

刀具半径补偿功能是用来补偿刀具实际安装位置（或实际刀尖圆弧半径）与理论编程位置（或刀尖圆弧半径）之差的一种功能。使用刀具补偿功能后，改变刀具，只需要改变刀具位置补偿值，而不必变更零件加工程序。

（1）查阅相关资料，写出 G41、G42 刀具半径补偿指令的格式及其含义。

（2）刀具半径补偿的过程分为三步，即刀补的建立、刀补的进行和刀补的取消，查阅相关资料，结合图2-13说明此过程。

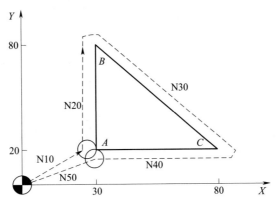

图2-13　刀具半径补偿过程

（3）在数控编程中，当选用了刀具半径左补偿时，铣外形要顺时针走刀，挖内槽逆时针走刀。若采用刀具半径右补偿，铣外形和挖内槽分别要如何走刀？

（4）根据刀具半径补偿在工件拐角处过渡方式的不同，刀具半径补偿可以分为两种补偿方式，分别称为B型刀补和C型刀补。查阅相关资料，判断图2-14a、b所示分别是哪种类型的刀补，说明这两种刀补的优缺点。

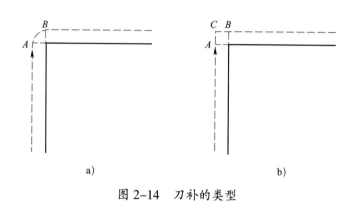

a)　　　　　　　　　　　　b)

图 2-14　刀补的类型

（5）刀具半径补偿功能除了使编程人员能直接按轮廓编程简化编程工作外，在实际加工中还有哪些方面的应用？

2．Mastercam 软件功能

（1）刀路功能

启动 Mastercam 软件，打开"视图"窗口，在"刀路"管理器中将显示各功能按钮，查阅相关资料，说明图 2-15 中各功能按钮的功能。

图 2-15 "刀路"管理器

（2）刀路后处理

刀路后处理功能用于生成 NCI 文件和数控机床用的 NC 代码。在"刀路"管理器中单击"执行选择的操作进行后处理"按钮，将弹出"后处理程序"对话框，如图 2-16 所示。结合以上材料并查阅相关资料，说明刀路后处理功能对于数控铣削加工的意义。

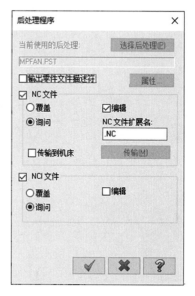

图 2-16 "后处理程序"对话框

3．填写玩具汽车车底模具型芯刀路设计表的加工参数设置，将软件中的仿真图示截图并打印后粘贴于表 2-8 中。

表 2-8　　　　　　　　　　　　　玩具汽车车底模具型芯刀路设计表

序号	编程图示	仿真图示	加工参数设置
1			加工刀路：_____ 加工余量：_____ 刀具：_____ 主轴转速：_____ 切削速度：_____
2			加工刀路：_____ 刀具：_____ 主轴转速：_____ 切削速度：_____

续表

序号	编程图示	仿真图示	加工参数设置
3	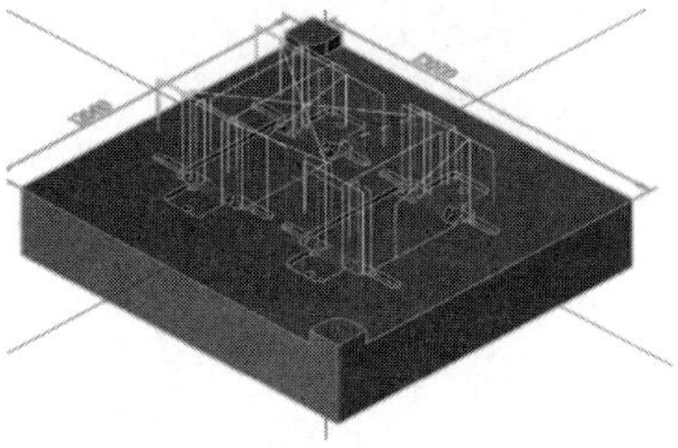		加工刀路：_____ 刀具：_____ 主轴转速：_____ 切削速度：_____

三、工作计划制订

根据任务要求制订合理的工作计划，并根据小组成员的特点进行分工，填写表 2-9。

表 2-9　　　　　　　　　　　　玩具汽车车底模具型芯加工工作计划

序号	开始时间	结束时间	工作内容	工作要求	备注

学习活动 3　玩具汽车车底模具型芯加工

 **学习目标**

1. 能检查工作区、设备、工具、材料的状况和功能。

2. 能查阅相关资料，根据现场条件选用符合加工技术要求的工具、量具、刀具。

3. 能熟练装夹工件，并对其进行找正。

4. 能正确选择加工玩具汽车车底模具型芯要用的切削液。

5. 能正确、规范地装夹刀具，并正确对刀。

6. 能根据车间管理规定，正确、规范地操作机床加工零件，并记录加工中不合理之处，及时处理。

7. 能按车间现场 6S 管理规定和产品工艺流程的要求，正确放置工具、产品，正确、规范地保养机床，进行产品交接并规范填写交接班记录表。

建议学时　16 学时。

 学习过程

一、加工准备

1. 领取工具、量具、刀具

领取工具、量具、刀具，并填写表 2-10。

表 2-10　　　　　　　　　　　工具、量具、刀具清单

序号	名称	规格	数量	备注

续表

序号	名称	规格	数量	备注

2．领取毛坯

领取毛坯，测量并记录所领毛坯的实际外形尺寸，判断毛坯是否有足够的加工余量。

3．选择切削液

根据加工对象及所用刀具，选择本次学习任务所用的切削液。

二、加工过程

1．开机准备

（1）做好开机前的各项常规检查工作。

（2）规范启动机床。

（3）机床各坐标轴回参考点。

（4）输入数控程序并校验。

2．工件的装夹

（1）简述加工玩具汽车车底模具型芯时工件装夹的注意事项。

（2）如果不校正工件在机用虎钳中的位置，会对工件的尺寸有哪些影响？

3．刀具的安装

将本学习任务所用刀具安装在刀柄上，并记录安装步骤。

4．对刀

通过试切法进行对刀操作，并记录 G54 数值。

5．输入对刀数值

将 G54 数值输入机床中。

6．自动加工

（1）加工过程中注意观察刀具切削情况，在表 2-11 中记录加工中不合理之处并及时处理，提高工作效率。

表 2-11　　　　　　　　　　　　　加工中不合理之处及处理方法

序号	加工中不合理之处	处理方法

（2）粗加工完毕，精确测量加工尺寸，根据测量结果修改参数后再进行精加工。若加工尺寸偏大，应如何修整？

三、机床保养，场地清理

加工完毕，按照车间规定整理现场，清扫切屑，保养机床，并正确处置废油液等废弃物；按车间规定填写交接班记录（表2-12）和设备日常保养记录卡（表2-13）。

表2-12　　　　　　　　　　　　　　　　交接班记录

设备名称：＿＿＿＿＿＿＿＿　　　设备编号：＿＿＿＿＿＿＿＿　　　使用班组：＿＿＿＿＿＿＿＿

项目	交接机床	交接工具、量具、夹具、刀具		交接图样	交接材料	交接成品件	交接半成品件	工艺技术交流
数量、使用情况（交班人填）								
交班人								
接班人								
日期								

表2-13

设备日常保养记录卡

设备名称：＿＿＿＿＿　　使用部门：＿＿＿＿＿　　设备编号：＿＿＿＿＿　　保养年月：＿＿＿＿＿　　存档编码：＿＿＿＿＿

日期　保养内容	1	2	3	4	5	6	7	8	9	10	11	12	13	14	15	16	17	18	19	20	21	22	23	24	25	26	27	28	29	30	31
环境卫生																															
机身整洁																															
加油润滑																															
工具整齐																															
电器损坏																															
机械损坏																															
保养人																															
机械异常备注																															

审核人：＿＿＿＿＿　　　　　　　　　　　　　　　　　　　　　　　　　年　　月　　日

注：保养后，用"√"表示日保；"△"表示周保；"○"表示月保；"Y"表示一级保养；"×"表示有损坏或异常现象，应在"机械异常备注"栏予以记录。

学习活动4　玩具汽车车底模具型芯的检测与质量分析

学习目标

1. 能正确分析玩具汽车车底模具型芯需要测量的要素，并根据测量要素说明量具的相应检测内容。

2. 能根据图样要求正确检测玩具汽车车底模具型芯的加工质量。

3. 能根据检测结果，分析误差产生的原因，优化加工策略。

4. 能对量具进行合理的维护和保养。

5. 能按检验室管理要求，正确放置检验用工具、量具。

建议学时　4学时。

学习过程

一、领取检测用量具

1. 玩具汽车车底模具型芯需要测量哪些要素？

2．根据测量要素，说明量具的相应检测内容，并填入表 2-14。

表 2-14　　　　　　　　　　　　　　量具及检测内容

序号	量具名称	检测内容

二、检测零件，填写质量检验单

根据图样要求检测玩具汽车车底模具型芯，并将检测结果填入表 2-15。

表 2-15　　　　　　　　　　　　玩具汽车车底模具型芯检测记录表

序号	名称	配分	项目与技术要求	评分标准	检测结果 自检	检测结果 三坐标检测	得分
1	主要尺寸	5	（48±0.05）mm	超差不得分			
2		5	（27±0.05）mm	超差不得分			
3		5	（15±0.05）mm	超差不得分			
4		5	（2±0.05）mm	超差不得分			
5		5×2	（12±0.05）mm（两处）	超差不得分			
6		5	（5±0.05）mm	超差不得分			
7		5	（63±0.05）mm	超差不得分			
8	次要尺寸	4	90 mm	超差不得分			
9		4	100 mm	超差不得分			
10		4	50 mm	超差不得分			

续表

序号	名称	配分	项目与技术要求	评分标准	检测结果		得分
					自检	三坐标检测	
11	次要尺寸	4	30 mm	超差不得分			
12		4	1 mm	超差不得分			
13		4	40 mm	超差不得分			
14		5	13 mm	超差不得分			
15	表面质量	5	$Ra1.6\mu m$	降级不得分			
16	主观评分	5	已加工零件去毛刺是否符合图样要求				
17		3	已加工零件是否有划伤、碰伤和夹伤				
18		3	已加工零件与图样要求的一致性				
19	更换毛坯	3	是否更换或添加毛坯	是/否			
20	职业素养	3	能正确穿戴工作服、工作鞋、安全帽等劳动防护用品。每违反一项，扣1分				
21		3	能按机床使用规范正确进行开关机、对刀等基本操作。每误操作一次，扣1分				
22		3	能规范使用及保养工具、量具和辅具。每误操作一次，扣1分				
23		3	能做好设备清洁、保养工作。每违反一项，扣1分				
	总配分	100	总得分				

注：三坐标检测应由检验人员完成。

三、质量分析

分析不合格产品原因，提出修改方案，并填入表2-16中。

表2-16　　　　　　　　　　　　　　不合格项目产生原因及改进方法

不合格项目	产生原因	改进方法

不合格项目	产生原因	改进方法

学习活动5　工作总结与评价

 **学习目标**

1. 能按照学生自我评价表完成自评。

2. 能结合自身任务完成情况，正确、规范地撰写工作总结（心得体会）。

3. 能对学习与工作进行反思与总结，并能与他人开展良好合作，进行有效的沟通。

4. 能在作业过程中严格执行企业操作规范、安全生产制度、环保管理制度以及6S管理规定，严格遵守从业人员的职业道德，树立吃苦耐劳、爱岗敬业的工作态度和职业责任感。

5. 能与班组长、工具管理员等相关人员进行有效的沟通与合作，理解有效沟通和团队合作的重要性。

建议学时　2学时。

 学习过程

学习评价以学习目标为导向，围绕学习过程设计评价要点，依据多元评价理论，从不同角度评价综合职业能力和职业素质。学习评价由自我评价、小组评价和教师评价三部分组成，最终成绩按下式进行计算：总评成绩＝自我评价（40%）＋小组评价（10%）＋教师评价（50%）。

一、自我评价

通过自我评价发现自己存在的问题和不足，自我评价总分占总评成绩的40%。

填写学生自我评价表（表2-17）。

表 2-17　　　　　　　　　　　　学生自我评价表

班级：_____　学生姓名：_____　学号：_____

评价项目	评价内容	评价标准 / 分			得分
		偶尔	经常	完全	
知识技能	能独立捕捉任务信息，明确工作任务与要求，制订工作计划	0 ~ 2	3 ~ 4	5 ~ 7	
	能认真听讲，根据任务要求，合理选择指令，编辑加工程序并校验	0 ~ 2	3 ~ 4	5 ~ 7	
	能主动参与角色分工，全程参与工作任务	0 ~ 2	3 ~ 4	5 ~ 7	
	能认真观看微课、课件和教师示范操作，能进行刀具、工件的正确装夹并对刀	0 ~ 2	3 ~ 4	5 ~ 7	
	能规范、有序地进行零件的加工	0 ~ 4	5 ~ 7	8 ~ 10	
	能通过小组协作选用合适的量具对产品进行测量	0 ~ 2	3 ~ 4	5 ~ 7	
职业素质	能按时出勤，规范着装。遵守课堂学习纪律，不做与学习任务无关的事情	0 ~ 2	3 ~ 4	5 ~ 7	
	生产操作中，能善于发现并勇于指出操作员的不规范操作	0 ~ 2	3 ~ 4	5 ~ 7	
	能主动分析、思考问题，积极发表对问题的看法，提出建议，解决问题	0 ~ 4	5 ~ 7	8 ~ 10	
	能主动参与团队安排的工作，互助协作，分享并倾听意见，进行反思与总结，完善自我	0 ~ 2	3 ~ 4	5 ~ 7	
	能保持认真细致、精益求精的工作态度	0 ~ 4	5 ~ 7	8 ~ 10	
	能积极参与汇报工作（若是汇报员，应表述清晰，准确运用专业术语，非汇报员应协作整合汇报资料和方案）	0 ~ 2	3 ~ 4	5 ~ 7	
	遵守实训车间的 6S 管理规定	0 ~ 2	3 ~ 4	5 ~ 7	
任务总体表现（总评分）					

二、小组评价

小组评价由"组内工作过程考核互评"和"组间展示互评"两部分组成。"组间展示互评"把个人制作好的零件先进行分组展示，再由小组推荐代表做工作过程的介绍。在展示的过程中，以组为单位进行评价；评价完成后，根据其他组成员对本组展示的成果评价意见进行归纳总结。小组评价总分占总评成绩的10%。

填写组内工作过程考核互评表（表2-18）。

表2-18　　　　　　　　　　　组内工作过程考核互评表

学习任务名称		班级		姓名		学号

序号	评价内容	评价标准 / 分			得分
		偶尔	经常	完全	
1	能主动完成教师布置的任务和作业	0 ~ 4	5 ~ 7	8 ~ 10	
2	能认真听教师讲课，听同学发言	0 ~ 4	5 ~ 7	8 ~ 10	
3	能积极参与讨论，与他人良好合作	0 ~ 4	5 ~ 7	8 ~ 10	
4	能独立查阅资料，观看微课，形成意见文本	0 ~ 4	5 ~ 7	8 ~ 10	
5	能积极地就疑难问题向同学和教师请教	0 ~ 4	5 ~ 7	8 ~ 10	
6	能积极参与分工合作，并指出同学在操作中的不规范行为	0 ~ 4	5 ~ 7	8 ~ 10	
7	能规范操作数控机床进行产品加工	0 ~ 4	5 ~ 7	8 ~ 10	
8	能在正确测量后耐心细致地修改加工参数，保证产品质量	0 ~ 4	5 ~ 7	8 ~ 10	
9	能按车间管理要求，规范摆放工具、量具、刀具，整理及清扫现场	0 ~ 4	5 ~ 7	8 ~ 10	
10	能认真总结并反思产品加工中出现的问题	0 ~ 4	5 ~ 7	8 ~ 10	
	任务总体表现（总评分）				

填写组间展示互评表（表2-19）。

表2-19　　　　　　　　　　　　　　　组间展示互评表

学习任务名称		班级	组名	汇报人

序号	评价内容	评价程度及评价标准 / 分			得分
1	展示的零件是否符合技术标准	不符合□ 0 ~ 4	一般□ 5 ~ 7	符合□ 8 ~ 10	
2	小组介绍成果表达是否清晰	不清晰□ 0 ~ 4	一般，常补充□ 5 ~ 7	清晰□ 8 ~ 10	
3	小组介绍的加工方法是否正确	不正确□ 0 ~ 4	部分正确□ 5 ~ 7	正确□ 8 ~ 10	
4	小组汇报成果表述是否逻辑正确	不正确□ 0 ~ 4	部分正确□ 5 ~ 7	正确□ 8 ~ 10	
5	小组汇报成果专业术语是否表达正确	不正确□ 0 ~ 4	部分正确□ 5 ~ 7	正确□ 8 ~ 10	
6	小组组员和汇报人解答其他组提问是否正确	不正确□ 0 ~ 4	部分正确□ 5 ~ 7	正确□ 8 ~ 10	
7	汇报或模拟加工过程操作是否规范	不规范□ 0 ~ 4	部分规范□ 5 ~ 7	规范□ 8 ~ 10	
8	小组的检测量具、量仪保养是否正确	不正确□ 0 ~ 4	部分正确□ 5 ~ 7	正确□ 8 ~ 10	
9	小组是否具有团队创新精神	不足□ 0 ~ 4	一般□ 5 ~ 7	良好□ 8 ~ 10	
10	小组汇报展示的方式是否新颖（利用多媒体等手段）	一般□ 0 ~ 4	良好□ 5 ~ 7	新颖□ 8 ~ 10	
任务总体表现（总评分）					
小组汇报中的问题和建议					

三、教师评价

首先，教师对展示的作品分别做评价：一是找出各组的优点进行点评；二是对展示过程中各组的缺点进行点评，提出改进方法；三是对整个任务完成中的亮点和不足进行点评。然后，根据学生的具体行为表现按教师评价表（表 2-20）进行评价，教师评价总分占总评成绩的 50%。

填写教师评价表。

表 2-20 教师评价表

班级：_____ 学生姓名：_____ 学号：_____

评价项目	评价内容	评价标准 / 分			得分
		偶尔	经常	完全	
能否承担职责	能主动参与分工，尽心尽责全程参与工作任务	0 ~ 4	5 ~ 7	8 ~ 10	
能否服从管理	能时刻服从组长和教师工作安排，积极完成工作	0 ~ 4	5 ~ 7	8 ~ 10	
能否独立思考	能独立发现问题，思考问题，积极发表对问题的看法，提出建议，解决问题	0 ~ 4	5 ~ 7	8 ~ 10	
能否团结互助	能主动交流、协作	0 ~ 4	5 ~ 7	8 ~ 10	
是否有规范意识	能按照车间操作规范进行操作，遵守设备使用要求，维持场地环境整洁	0 ~ 5	6 ~ 10	11 ~ 15	
能否严谨踏实	能认真、细致地按照加工流程完成产品加工	0 ~ 4	5 ~ 7	8 ~ 10	
能否勇于表达	能在加工操作中善于发现并勇于指出操作员的不规范操作，并积极参与汇报	0 ~ 4	5 ~ 7	8 ~ 10	
是否有质量意识	能对产品质量精益求精，达到好的产品加工结果（刀补调试参数和切削参数是否为最优，以零件表面粗糙度和尺寸精度为准）	0 ~ 5	6 ~ 10	11 ~ 15	
能否反思与总结	能反思与总结影响产品质量的因素	0 ~ 4	5 ~ 7	8 ~ 10	
总体意见					
任务总体表现（总评分）					

四、总结提升

试结合自身任务完成情况，撰写本次任务的工作总结（包含影响产品质量的因素、工艺顺序安排的依据和重要性、企业制订工作生产计划的理由等）。

工作总结（心得体会）

世赛知识

中国加入世界技能组织

　　中国是在 2010 年加入世界技能组织的，那一年召开的世界技能组织全体大会可以说对中国的技能发展具有里程碑意义。

　　2010 年 10 月 3 日，中国代表团一行 6 人赴牙买加首都金斯敦参加了世界技能组织召开的 2010 年世界技能组织全体大会，大会于 2010 年 10 月 7 日表决通过，正式接纳中国加入世界技能组织，中国成为该组织的第 53 个成员。图 2-17 所示为时任世界技能组织主席杰克·杜塞尔多普向中国代表授予成员证书。

图 2-17　时任世界技能组织主席杰克·杜塞尔多普向中国代表授予成员证书

学习任务三 玩具汽车车底模具型腔的数控铣加工

 **学习目标**

1. 能通过查阅资料了解玩具汽车 zz 车底模具型腔所用材料的牌号、性能及用途。

2. 能识读玩具汽车车底模具型腔零件图，说出其主要加工尺寸、几何公差、表面粗糙度等要求。

3. 能运用 Mastercam 软件绘制单个倒角、串连倒角、样条线等。

4. 能正确分析玩具汽车车底模具型腔加工工艺，编制合理的加工工艺卡。

5. 能掌握子程序的格式、子程序的调用格式及子程序的特殊使用方法。

6. 能正确编制玩具汽车车底模具型腔刀路设计表。

7. 能制订合理的玩具汽车车底模具型腔加工工作计划。

8. 能根据车间管理规定，正确、规范地操作机床加工零件，记录加工中不合理之处并及时处理。

9. 能根据图样要求正确检测玩具汽车车底模具型腔的加工质量，并根据检测结果分析误差产生的原因，优化加工策略。

10. 能主动获取有效信息，展示工作成果，对学习与工作进行反思与总结，优化方案和策略，具备知识迁移能力。

11. 能与班组长、工具管理员等相关人员开展良好合作，进行有效的沟通。

12. 能在作业过程中严格执行企业操作规范、安全生产制度、环保管理制度以及 6S 管理规定，严格遵守从业人员的职业道德，树立吃苦耐劳、爱岗敬业的工作态度和职业责任感。

建议学时

20 学时。

工作情景描述

某模具厂通过业务洽谈与某塑料制件厂签订了玩具汽车车底模具型腔制作合同。塑料制件厂提供产品（玩具汽车车底）零件图，要求模具型腔寿命为 8 万次，交货期为 10 天。模具厂设计人员按照塑料制件厂要求进行模具设计，完成图样绘制后，安排模具生产车间模具工加工模具型腔，模具型腔经检验合格后交付塑料制件厂使用。

模具型腔图

玩具汽车车底、玩具汽车车底模具型腔分别如图 2–1、图 3–1 所示。

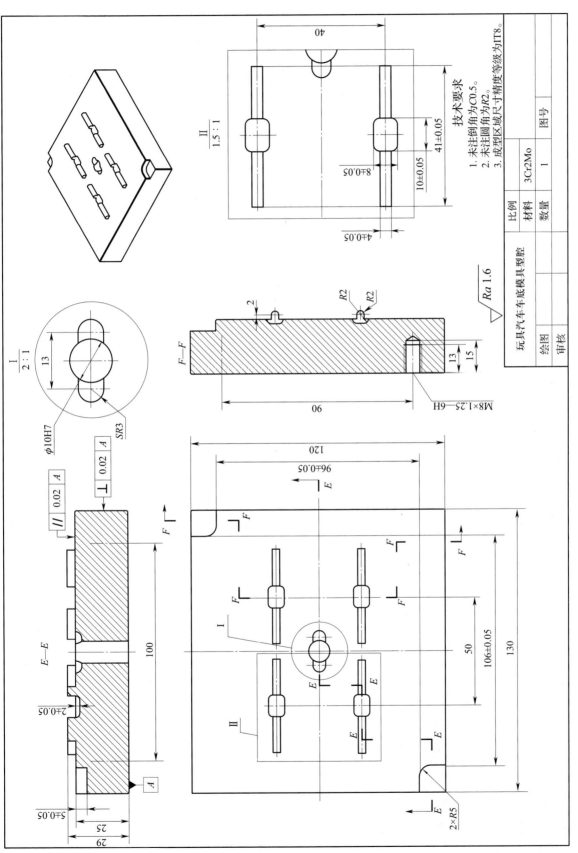

图 3-1　玩具汽车车底模具型腔

技术要求
1. 未注倒角为C0.5。
2. 未注圆角为R2。
3. 成型区域尺寸精度等级为IT8。

生产派工单

生产派工单见表 3-1。

表 3-1   生产派工单

单号：＿＿＿＿＿ 开单部门：＿＿＿＿＿ 开单人：＿＿＿＿＿

开单时间：＿＿＿＿＿年＿＿月＿＿日＿＿时 接单人：＿＿＿＿部＿＿＿＿小组＿＿＿＿＿＿（签名）

以下由开单人填写			
产品名称	玩具汽车车底模具型腔	完成工时	
产品技术要求	按图样加工，满足使用功能要求		

以下由接单人和确认方填写			
领取材料（含消耗品）		成本核算	金额合计： 仓管员（签名） 年　月　日
领用工具			
操作者检测		（签名） 年　月　日	
班组检测		（签名） 年　月　日	
质检员检测	□合格　　□不良　　□返修　　□报废	（签名） 年　月　日	

工作流程与活动

1. 玩具汽车车底模具型腔加工准备（2学时）

2. 玩具汽车车底模具型腔加工工艺分析及计划制订（2学时）

3. 玩具汽车车底模具型腔加工（10学时）

4. 玩具汽车车底模具型腔的检测与质量分析（4学时）

5. 工作总结与评价（2学时）

学习活动 1 玩具汽车车底模具型腔加工准备

学习目标

1. 能通过查阅资料了解玩具汽车车底模具型腔所用材料的牌号、性能及用途。

2. 能识读玩具汽车车底模具型腔零件图，说出其主要加工尺寸、几何公差、表面粗糙度等要求。

3. 能掌握工件加工精度的控制方法。

4. 能掌握工件常见的定位方法及定位时的注意事项。

5. 能运用 Mastercam 软件绘制单个倒角、串连倒角、样条线等。

建议学时 2 学时。

学习过程

一、阅读生产派工单，明确任务要求

1. 查阅相关资料，说明玩具汽车车底模具型腔的作用。

2．用于制作玩具汽车车底模具型腔的材料应具有怎样的性能才能满足模具型腔的功能要求？

3．分析零件图样，在表 3-2 中写出型腔的主要加工尺寸、几何公差及表面粗糙度要求，为零件的编程加工做准备。

表 3-2   型腔的加工要求

序号	项目	内容	偏差范围（数值）
1	主要加工尺寸		
2	几何公差		
3	表面粗糙度		

二、零件加工精度控制

查阅加工精度相关资料，回答下面问题。

1．加工精度是指什么？包括哪些内容？

2．基准重合时，工序尺寸及其公差的具体计算步骤有哪些？

3．基准不重合时，工序尺寸及其公差的计算采用什么方法？

4．影响工件表面质量的工艺因素有哪些？如何改善工件的表面质量？

三、工件的定位和装夹

1．工件的定位方式及其定位元件的选择包括定位元件的结构、形状、尺寸和布局形式等，取决于工件的加工要求、定位基准面的形状和受外力作用时的状况等因素。查阅相关资料，说明常见的定位方法。

（1）工件以平面定位

（2）工件以圆柱孔定位

（3）工件以圆柱面定位

（4）工件以组合面定位

2．说明定位工件时的注意事项。

3．确定夹紧力的方向和作用点应遵循哪些原则?

四、软件绘制功能

查阅 Mastercam 软件使用说明并上机操作，说明在 Mastercam 软件中实现如下绘制功能的步骤。

1．绘制单个倒角。

2．绘制串连倒角。

3．绘制样条线。

学习活动2　玩具汽车车底模具型腔加工工艺分析及计划制订

学习目标

1. 能结合玩具汽车车底模具型腔的结构特点选择夹紧方案及夹具。

2. 能正确编制玩具汽车车底模具型腔加工刀具卡。

3. 能正确设计玩具汽车车底模具型腔的走刀路线。

4. 能合理确定切削用量。

5. 能根据分析的玩具汽车车底模具型腔加工工艺，编制合理的加工工艺卡。

6. 能掌握子程序的格式、子程序的调用格式及子程序的特殊使用方法。

7. 能在 Mastercam 软件中进行刀具管理。

8. 能编制玩具汽车车底模具型腔刀路设计表。

9. 能制订合理的玩具汽车车底模具型腔加工工作计划。

建议学时　2 学时。

学习过程

一、加工工艺分析

1．选择加工方法

根据玩具汽车车底模具型腔特征，选择零件加工方法。

2．确定加工顺序

结合图 3-1 所示玩具汽车车底模具型腔的加工要求和结构特点，确定本任务的加工顺序。

3．选择夹具

查阅相关资料，结合玩具汽车车底模具型腔的结构特点选择夹紧方案及夹具。

4．选择刀具

根据玩具汽车车底模具型腔的加工内容进行刀具的选择，填写表 3-3。

表 3-3　　　　　　　　　　　玩具汽车车底模具型腔加工刀具卡

产品名称或代号		零件名称			零件图号	
刀具号	刀具名称	数量	加工内容			刀具规格

5．确定走刀路线

设计玩具汽车车底模具型腔的走刀路线。

6．确定切削用量

根据选择的刀具及刀具材料，查阅刀具切削参数表，计算切削用量（转速 $n=\dfrac{1\,000v_{c}}{\pi D}$，进给速度 $v_{f}=f_{z}zn$ ）。

7. 编制加工工艺卡

根据加工要求，考虑现场的实际条件，小组成员共同分析、讨论并确定合理的加工工艺，编制玩具汽车车底模具型腔加工工艺卡（表3-4）。

表3-4　　　　　　　　　　　　　　玩具汽车车底模具型腔加工工艺卡

玩具汽车车底模具型腔 加工工艺卡			材料		图号			
			产品 数量		零件 名称		共　页	第　页
工序号	工序名称	工序内容	车间	工段	设备	工艺装备	工时	
							准终	单件

续表

工序号	工序名称	工序内容	车间	工段	设备	工艺装备	工时	
							准终	单件

二、程序编制

1．子程序

编程时，当一个零件上有相同的或经常重复的加工内容时，为了简化编程，将这些加工内容编成一个单独的程序，再通过调用这些程序进行多次或不同位置的重复加工。在系统中调用程序的程序称为主程序，被调用的程序称为子程序。

（1）查阅相关资料，写出子程序的格式。

（2）子程序的调用有两种格式。

1）格式一：M98 P××××L××××

地址 P 后面的四位数字为子程序序号，地址 L 后的数字表示重复调用的次数，子程序序号及调用次数前的 0 可以省略不写。例如，M98 P0010 L0002 可以简写成 M98 P10 L2，表示调用子程序 0010 两次。

2）格式二：M98 P×××××××

查阅相关资料，写出格式二的含义。

（3）写出以下几种子程序调用的含义。

1）M98 P51002

2）M98 P1002

3）M98 P50004

4）M98 P0001 L4

（4）查阅相关资料，在表 3-5 中填写子程序的特殊使用方法。

表 3-5 子程序的特殊使用方法

方法	说明
子程序使用 P 指令返回	在子程序的结束指令 M99 后加入 Pn（n 为主程序的程序段号），则子程序执行完后，将返回到主程序中程序段号为 n 的那个程序段
自动返回到程序头	
强制改变子程序的循环次数	

2．刀具管理

在 Mastercam 软件中，依次选择"刀具群组""参数""刀具"命令，鼠标右键单击"刀具管理"命令，将弹出如图 3-2 所示的"刀具管理"对话框，通过该对话框可以对当前刀具列表进行设置。

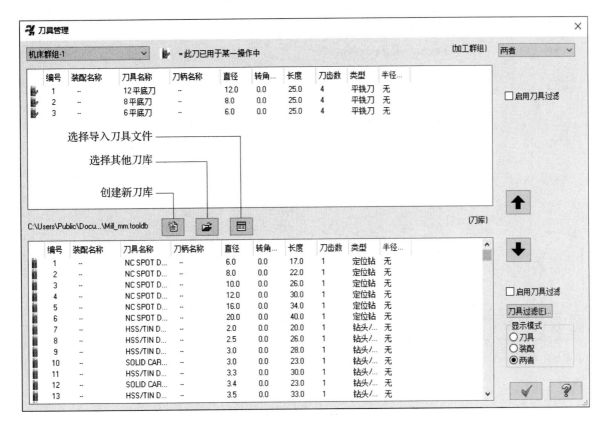

图 3-2 "刀具管理"对话框

（1）创建新的刀具

有时在刀具库中没有满足用户需要的刀具，那么用户就可以自行创建新的刀具。结合图 3-2 说明创建新刀具的方法。

107

（2）编辑刀具

若所选择刀具的部分参数不符合需求，则可对刀具参数进行修改。结合图 3-3 说明编辑刀具的方法。

图 3-3　编辑刀具

3. 填写玩具汽车车底模具型腔刀路设计表的加工参数设置，将软件中的仿真图示截图并打印后粘贴于表 3-6 中。

表 3-6　　　　　　　　　　　　　玩具汽车车底模具型腔刀路设计表

序号	编程图示	仿真图示	加工参数设置
1	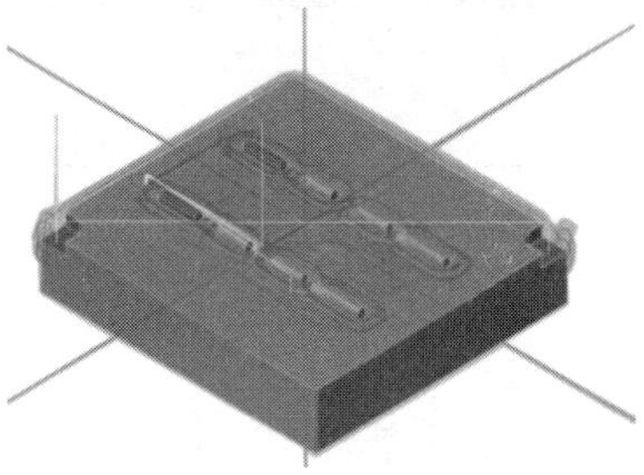	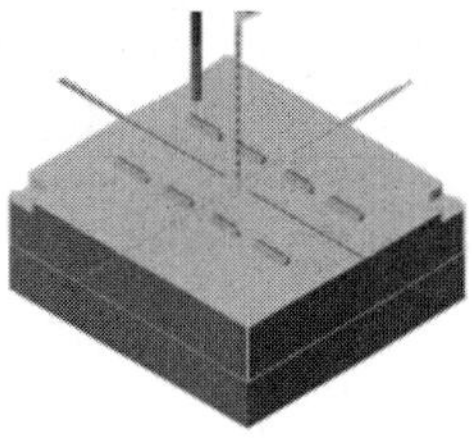	加工刀路：_____ 加工余量：_____ 刀具：_____ 主轴转速：_____ 切削速度：_____
2	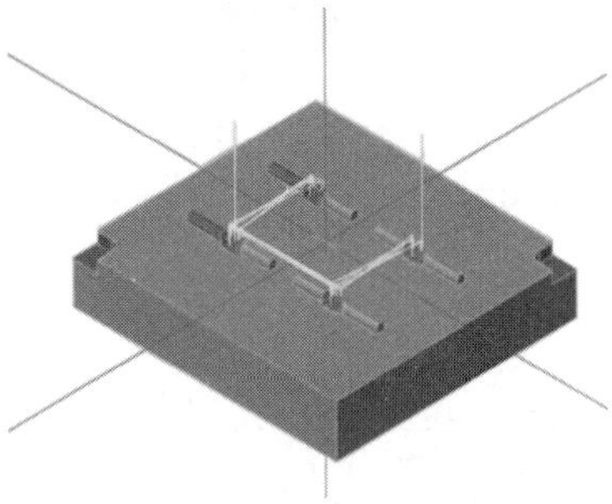		加工刀路：_____ 加工余量：_____ 刀具：_____ 主轴转速：_____ 切削速度：_____
3	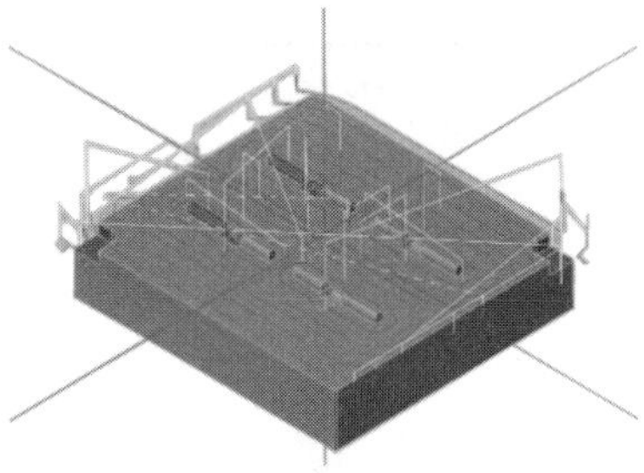		加工刀路：_____ 刀具：_____ 主轴转速：_____ 切削速度：_____
4	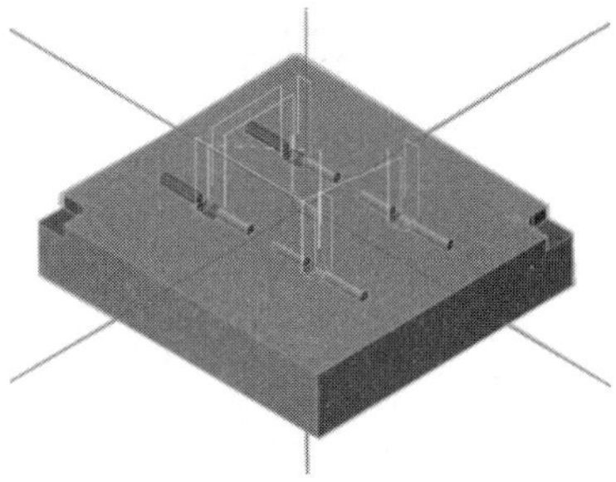		加工刀路：_____ 刀具：_____ 主轴转速：_____ 切削速度：_____
5	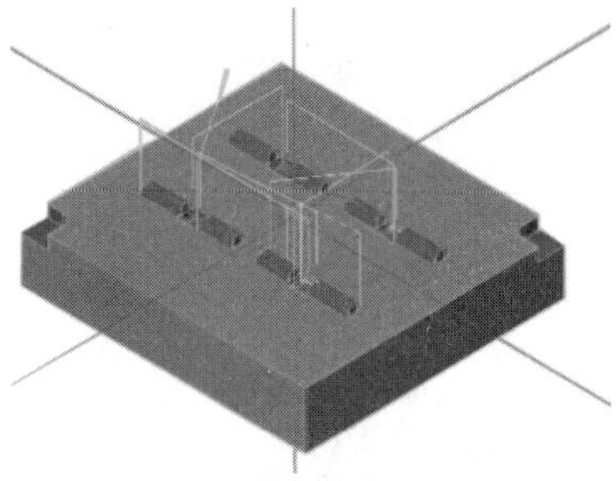	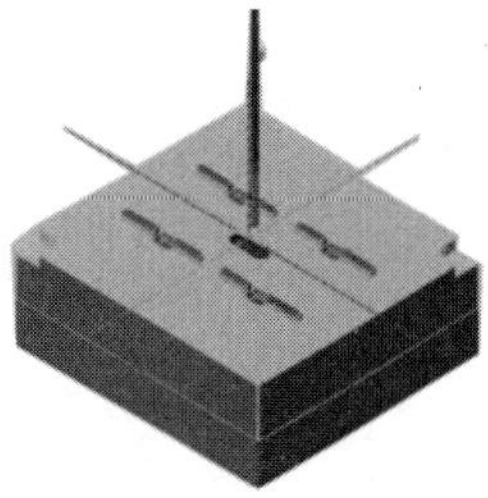	加工刀路：_____ 刀具：_____ 主轴转速：_____ 切削速度：_____

三、工作计划制订

根据任务要求制订合理的工作计划，并根据小组成员的特点进行分工，填写表 3-7。

表 3-7　　　　　　　　　　玩具汽车车底模具型腔加工工作计划

序号	开始时间	结束时间	工作内容	工作要求	备注

学习活动 3 玩具汽车车底模具型腔加工

 **学习目标**

> 1. 能检查工作区、设备、工具、材料的状况和功能。
>
> 2. 能查阅相关资料，根据现场条件选用符合加工技术要求的工具、量具、刀具。
>
> 3. 能熟练装夹工件，并对其进行找正。
>
> 4. 能正确选择加工玩具汽车车底模具型腔要用的切削液。
>
> 5. 能正确、规范地装夹刀具，并正确对刀。
>
> 6. 能根据车间管理规定，正确、规范地操作机床加工零件，并记录加工中不合理之处，及时处理。
>
> 7. 能按车间现场 6S 管理规定和产品工艺流程的要求，正确放置工具、产品，正确、规范地保养机床，进行产品交接并规范填写交接班记录表。
>
> 建议学时 10 学时。

 学习过程

一、加工准备

1. 领取工具、量具、刀具

领取工具、量具、刀具，并填写表 3-8。

表 3-8　　　　　　　　　　　　　　工具、量具、刀具清单

序号	名称	规格	数量	备注

2．领取毛坯

领取毛坯，测量并记录所领毛坯的实际外形尺寸，判断毛坯是否有足够的加工余量。

3．选择切削液

根据加工对象及所用刀具，选择本次学习任务所用的切削液。

二、加工过程

1．开机准备

（1）做好开机前的各项常规检查工作。

（2）规范启动机床。

（3）机床各坐标轴回参考点。

（4）输入数控程序并校验。

2．工件的装夹

简述加工玩具汽车车底模具型腔时工件装夹的注意事项。

3．刀具的安装

将本学习任务所用刀具安装在刀柄上，并记录安装步骤。

4．对刀

通过试切法进行对刀操作，并记录 G54 数值。

5．输入对刀数值

将 G54 数值输入机床中。

6．自动加工

（1）加工过程中注意观察刀具切削情况，在表 3-9 中记录加工中不合理之处并及时处理，提高工作效率。

表 3-9　　　　　　　　　　　　加工中不合理之处及处理方法

序号	加工中不合理之处	处理方法

（2）粗加工完毕，精确测量加工尺寸，根据测量结果修改参数后再进行精加工。若加工尺寸偏大，应如何修整？

三、机床保养，场地清理

加工完毕，按照车间规定整理现场，清扫切屑，保养机床，并正确处置废油液等废弃物；按车间规定填写交接班记录（表3–10）和设备日常保养记录卡（表3–11）。

表3–10 交接班记录

设备名称：_____ 设备编号：_____ 使用班组：_____

项目	交接机床	交接工具、量具、夹具、刀具			交接图样	交接材料	交接成品件	交接半成品件	工艺技术交流
数量、使用情况（交班人填）									
交班人									
接班人									
日期									

表 3-11

设备日常保养记录卡

设备名称：_____ 设备编号：_____ 使用部门：_____ 保养年月：_____ 存档编码：_____

保养内容 \ 日期	1	2	3	4	5	6	7	8	9	10	11	12	13	14	15	16	17	18	19	20	21	22	23	24	25	26	27	28	29	30	31
环境卫生																															
机身整洁																															
加油润滑																															
工具整齐																															
电器损坏																															
机械损坏																															
保养人																															
机械异常备注																															

审核人：_____ 年____月____日

注：保养后，用"√"表示日保；"△"表示周保；"○"表示月保；"Y"表示一级保养；"×"表示有损坏或异常现象，应在"机械异常备注"栏子以记录。

学习活动 4　玩具汽车车底模具型腔的检测与质量分析

学习目标

　　1. 能正确分析玩具汽车车底模具型腔需要测量的要素，并根据测量要素说明量具的相应检测内容。

　　2. 能根据图样要求正确检测玩具汽车车底模具型腔的加工质量。

　　3. 能根据检测结果，分析误差产生的原因，优化加工策略。

　　4. 能对量具进行合理的维护和保养。

　　5. 能按检验室管理要求，正确放置检验用工具、量具。

　　建议学时　4 学时。

学习过程

一、领取检测用量具

1. 玩具汽车车底模具型腔需要测量哪些要素？

2．根据测量要素，说明量具的相应检测内容，并填入表 3-12。

表 3-12　　　　　　　　　　　　量具及检测内容

序号	量具名称	检测内容

二、检测零件，填写质量检验单

根据图样要求检测玩具汽车车底模具型腔，并将检测结果填入表 3-13。

表 3-13　　　　　　　　　　　玩具汽车车底模具型腔检测记录表

序号	名称	配分	项目与技术要求	评分标准	检测结果		得分
					自检	三坐标检测	
1		5	（96 ± 0.05）mm	超差不得分			
2		5	（106 ± 0.05）mm	超差不得分			
3		5	（5 ± 0.05）mm	超差不得分			
4		5	（2 ± 0.05）mm	超差不得分			
5	主要尺寸	5	（41 ± 0.05）mm	超差不得分			
6		5	（10 ± 0.05）mm	超差不得分			
7		5	（4 ± 0.05）mm	超差不得分			
8		5	（8 ± 0.05）mm	超差不得分			
9		5.5	50 mm	超差不得分			
10		5.5	90 mm	超差不得分			
11	次要尺寸	5.5	100 mm	超差不得分			
12		5.5	13 mm	超差不得分			
13		5.5	40 mm	超差不得分			

续表

序号	名称	配分	项目与技术要求	评分标准	检测结果		得分
					自检	三坐标检测	
14	表面质量	5	$Ra1.6\,\mu m$	降级不得分			
15	主观评分	5	已加工零件去毛刺是否符合图样要求				
16		3	已加工零件是否有划伤、碰伤和夹伤				
17		2.5	已加工零件与图样要求的一致性				
18	更换毛坯	5	是否更换或添加毛坯	是 / 否			
19	职业素养	3	能正确穿戴工作服、工作鞋、安全帽等劳动防护用品。每违反一项，扣 1 分				
20		3	能按机床使用规范正确进行开关机、对刀等基本操作。每误操作一次，扣 1 分				
21		3	能规范使用及保养工具、量具和辅具。每误操作一次，扣 1 分				
22		3	能做好设备清洁、保养工作。每违反一项，扣 1 分				
	总配分	100	总得分				

注：三坐标检测应由检验人员完成。

三、质量分析

分析不合格产品原因，提出修改方案，并填入表 3–14 中。

表 3–14　　　　　　　　　　　不合格项目产生原因及改进方法

不合格项目	产生原因	改进方法

续表

不合格项目	产生原因	改进方法

学习活动 5　工作总结与评价

 学习目标

1. 能按照学生自我评价表完成自评。

2. 能结合自身任务完成情况，正确、规范地撰写工作总结（心得体会）。

3. 能对学习与工作进行反思与总结，并能与他人开展良好合作，进行有效的沟通。

4. 能在作业过程中严格执行企业操作规范、安全生产制度、环保管理制度以及 6S 管理规定，严格遵守从业人员的职业道德，树立吃苦耐劳、爱岗敬业的工作态度和职业责任感。

5. 能与班组长、工具管理员等相关人员进行有效的沟通与合作，理解有效沟通和团队合作的重要性。

建议学时　2 学时。

 学习过程

学习评价以学习目标为导向，围绕学习过程设计评价要点，依据多元评价理论，从不同角度评价综合职业能力和职业素质。学习评价由自我评价、小组评价和教师评价三部分组成，最终成绩按下式进行计算：总评成绩 = 自我评价（40%）+ 小组评价（10%）+ 教师评价（50%）。

一、自我评价

通过自我评价发现自己存在的问题和不足，自我评价总分占总评成绩的 40%。

填写学生自我评价表（表 3-15）。

表 3-15　　　　　　　　　　　　　　学生自我评价表

班级：_____　学生姓名：_____　学号：_____

评价项目	评价内容	评价标准 / 分			得分
		偶尔	经常	完全	
知识技能	能独立捕捉任务信息，明确工作任务与要求，制订工作计划	0 ~ 2	3 ~ 4	5 ~ 7	
	能认真听讲，根据任务要求，合理选择指令，编辑加工程序并校验	0 ~ 2	3 ~ 4	5 ~ 7	
	能主动参与角色分工，全程参与工作任务	0 ~ 2	3 ~ 4	5 ~ 7	
	能认真观看微课、课件和教师示范操作，能进行刀具、工件的正确装夹并对刀	0 ~ 2	3 ~ 4	5 ~ 7	
	能规范、有序地进行零件的加工	0 ~ 4	5 ~ 7	8 ~ 10	
	能通过小组协作选用合适的量具对产品进行测量	0 ~ 2	3 ~ 4	5 ~ 7	
职业素质	能按时出勤，规范着装。遵守课堂学习纪律，不做与学习任务无关的事情	0 ~ 2	3 ~ 4	5 ~ 7	
	生产操作中，能善于发现并勇于指出操作员的不规范操作	0 ~ 2	3 ~ 4	5 ~ 7	
	能主动分析、思考问题，积极发表对问题的看法，提出建议，解决问题	0 ~ 4	5 ~ 7	8 ~ 10	
	能主动参与团队安排的工作，互助协作，分享并倾听意见，进行反思与总结，完善自我	0 ~ 2	3 ~ 4	5 ~ 7	
	能保持认真细致、精益求精的工作态度	0 ~ 4	5 ~ 7	8 ~ 10	
	能积极参与汇报工作（若是汇报员，应表述清晰，准确运用专业术语，非汇报员应协作整合汇报资料和方案）	0 ~ 2	3 ~ 4	5 ~ 7	
	遵守实训车间的 6S 管理规定	0 ~ 2	3 ~ 4	5 ~ 7	
任务总体表现（总评分）					

二、小组评价

小组评价由"组内工作过程考核互评"和"组间展示互评"两部分组成。"组间展示互评"把个人制作好的零件先进行分组展示，再由小组推荐代表做工作过程的介绍。在展示的过程中，以组为单位进行评价；评价完成后，根据其他组成员对本组展示的成果评价意见进行归纳总结。小组评价总分占总评成绩的10%。

填写组内工作过程考核互评表（表3-16）。

表3-16　　　　　　　　　　　　组内工作过程考核互评表

学习任务名称		班级	姓名	学号

序号	评价内容	评价标准 / 分			得分
		偶尔	经常	完全	
1	能主动完成教师布置的任务和作业	0 ~ 4	5 ~ 7	8 ~ 10	
2	能认真听教师讲课，听同学发言	0 ~ 4	5 ~ 7	8 ~ 10	
3	能积极参与讨论，与他人良好合作	0 ~ 4	5 ~ 7	8 ~ 10	
4	能独立查阅资料，观看微课，形成意见文本	0 ~ 4	5 ~ 7	8 ~ 10	
5	能积极地就疑难问题向同学和教师请教	0 ~ 4	5 ~ 7	8 ~ 10	
6	能积极参与分工合作，并指出同学在操作中的不规范行为	0 ~ 4	5 ~ 7	8 ~ 10	
7	能规范操作数控机床进行产品加工	0 ~ 4	5 ~ 7	8 ~ 10	
8	能在正确测量后耐心细致地修改加工参数，保证产品质量	0 ~ 4	5 ~ 7	8 ~ 10	
9	能按车间管理要求，规范摆放工具、量具、刀具，整理及清扫现场	0 ~ 4	5 ~ 7	8 ~ 10	
10	能认真总结并反思产品加工中出现的问题	0 ~ 4	5 ~ 7	8 ~ 10	
	任务总体表现（总评分）				

填写组间展示互评表（表 3–17）。

表 3–17 组间展示互评表

学习任务名称		班级	组名	汇报人

序号	评价内容	评价程度及评价标准 / 分			得分
1	展示的零件是否符合技术标准	不符合□ 0 ~ 4	一般□ 5 ~ 7	符合□ 8 ~ 10	
2	小组介绍成果表达是否清晰	不清晰□ 0 ~ 4	一般，常补充□ 5 ~ 7	清晰□ 8 ~ 10	
3	小组介绍的加工方法是否正确	不正确□ 0 ~ 4	部分正确□ 5 ~ 7	正确□ 8 ~ 10	
4	小组汇报成果表述是否逻辑正确	不正确□ 0 ~ 4	部分正确□ 5 ~ 7	正确□ 8 ~ 10	
5	小组汇报成果专业术语是否表达正确	不正确□ 0 ~ 4	部分正确□ 5 ~ 7	正确□ 8 ~ 10	
6	小组组员和汇报人解答其他组提问是否正确	不正确□ 0 ~ 4	部分正确□ 5 ~ 7	正确□ 8 ~ 10	
7	汇报或模拟加工过程操作是否规范	不规范□ 0 ~ 4	部分规范□ 5 ~ 7	规范□ 8 ~ 10	
8	小组的检测量具、量仪保养是否正确	不正确□ 0 ~ 4	部分正确□ 5 ~ 7	正确□ 8 ~ 10	
9	小组是否具有团队创新精神	不足□ 0 ~ 4	一般□ 5 ~ 7	良好□ 8 ~ 10	
10	小组汇报展示的方式是否新颖（利用多媒体等手段）	一般□ 0 ~ 4	良好□ 5 ~ 7	新颖□ 8 ~ 10	
任务总体表现（总评分）					
小组汇报中的问题和建议					

三、教师评价

首先，教师对展示的作品分别做评价：一是找出各组的优点进行点评；二是对展示过程中各组的缺点进行点评，提出改进方法；三是对整个任务完成中的亮点和不足进行点评。然后，根据学生的具体行为表现按教师评价表（表3-18）进行评价，教师评价总分占总评成绩的50%。

填写教师评价表。

表 3-18　　　　　　　　　　　　　　教师评价表

班级：＿＿＿＿＿＿　　　　学生姓名：＿＿＿＿＿＿＿　　　　学号：＿＿＿＿＿＿＿＿

评价项目	评价内容	评价标准 / 分			得分
		偶尔	经常	完全	
能否承担职责	能主动参与分工，尽心尽责全程参与工作任务	0 ~ 4	5 ~ 7	8 ~ 10	
能否服从管理	能时刻服从组长和教师工作安排，积极完成工作	0 ~ 4	5 ~ 7	8 ~ 10	
能否独立思考	能独立发现问题，思考问题，积极发表对问题的看法，提出建议，解决问题	0 ~ 4	5 ~ 7	8 ~ 10	
能否团结互助	能主动交流、协作	0 ~ 4	5 ~ 7	8 ~ 10	
是否有规范意识	能按照车间操作规范进行操作，遵守设备使用要求，维持场地环境整洁	0 ~ 5	6 ~ 10	11 ~ 15	
能否严谨踏实	能认真、细致地按照加工流程完成产品加工	0 ~ 4	5 ~ 7	8 ~ 10	
能否勇于表达	能在加工操作中善于发现并勇于指出操作员的不规范操作，并积极参与汇报	0 ~ 4	5 ~ 7	8 ~ 10	
是否有质量意识	能对产品质量精益求精，达到好的产品加工结果（刀补调试参数和切削参数是否为最优，以零件表面粗糙度和尺寸精度为准）	0 ~ 5	6 ~ 10	11 ~ 15	
能否反思与总结	能反思与总结影响产品质量的因素	0 ~ 4	5 ~ 7	8 ~ 10	
总体意见					
任务总体表现（总评分）					

四、总结提升

试结合自身任务完成情况，撰写本次任务的工作总结（包含影响产品质量的因素、工艺顺序安排的依据和重要性、企业制订工作生产计划的理由等）。

工作总结（心得体会）

世赛知识

中国参赛历程

　　虽然中国参加世界技能大赛起步比较晚，但在世界技能大赛中国组委会的有效组织和协调下，中国代表团五次征战，次次有突破，累计获得 36 枚金牌、29 枚银牌、20 枚铜牌和 58 个优胜奖，以令人震撼的成绩向世界充分展现了"中国制造"的力量。

　　世界技能大赛为中国的技能交流打开了世界之窗，推动了中国在技能教育、技能培训、技能研究和技能交流等方面的全面发展。

学习任务四　玩具汽车车身模具型芯的数控铣加工

学习目标

1. 能通过查阅资料了解玩具汽车车身模具型芯所用材料的牌号、性能及用途。

2. 能识读玩具汽车车身模具型芯零件图，说出其主要加工尺寸、几何公差、表面粗糙度等要求。

3. 能说出常用刀柄的类型及其使用场合，能合理选择刀柄的结构形式。

4. 能正确分析玩具汽车车身模具型芯加工工艺，编制合理的加工工艺卡。

5. 能运用 Mastercam 软件设置各种曲面粗加工、曲面精加工的参数。

6. 能正确编制玩具汽车车身模具型芯刀路设计表。

7. 能制订合理的玩具汽车车身模具型芯加工工作计划。

8. 能根据车间管理规定，正确、规范地操作机床加工零件，记录加工中不合理之处并及时处理。

9. 能根据图样要求正确检测玩具汽车车身模具型芯的加工质量，并根据检测结果分析误差产生的原因，优化加工策略。

10. 能主动获取有效信息，展示工作成果，对学习与工作进行反思与总结，优化方案和策略，具备知识迁移能力。

11. 能与班组长、工具管理员等相关人员开展良好合作，进行有效的沟通。

12. 能在作业过程中严格执行企业操作规范、安全生产制度、环保管理制度以及 6S 管理规定，严格遵守从业人员的职业道德，树立吃苦耐劳、爱岗敬业的工作态度和职业责任感。

建议学时

20 学时。

工作情景描述

　　某模具厂通过业务洽谈与某塑料制件厂签订了玩具汽车车身模具型芯制作合同。塑料制件厂提供产品（玩具汽车车身）零件图，要求模具型芯寿命为 8 万次，交货期为 10 天。模具厂设计人员按照塑料制件厂要求进行模具设计，完成图样绘制后，安排模具生产车间模具工加工模具型芯，模具型芯经检验合格后交付塑料制件厂使用。

产品图及模具型芯图

　　玩具汽车车身、玩具汽车车身模具型芯分别如图 4-1、图 4-2 所示。

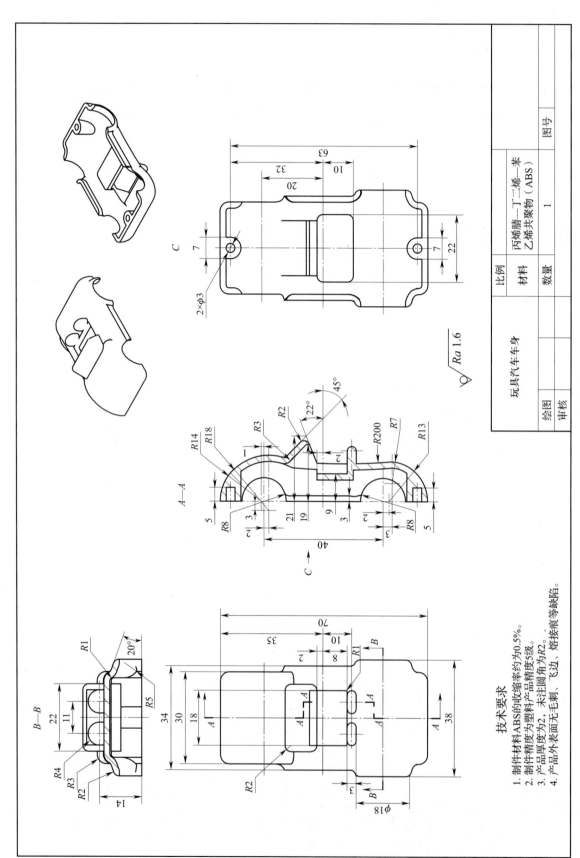

技术要求

1. 制件材料ABS的收缩率约为0.5%。
2. 制件精度为塑料产品精度5级。
3. 产品厚度为2，未注圆角为R2。
4. 产品外表面无毛刺、飞边、熔接痕等缺陷。

图 4-1　玩具汽车车身

玩具汽车车身		比例		材料	丙烯腈—丁二烯—苯乙烯共聚物（ABS）	图号	
				数量	1		
绘图							
审核							

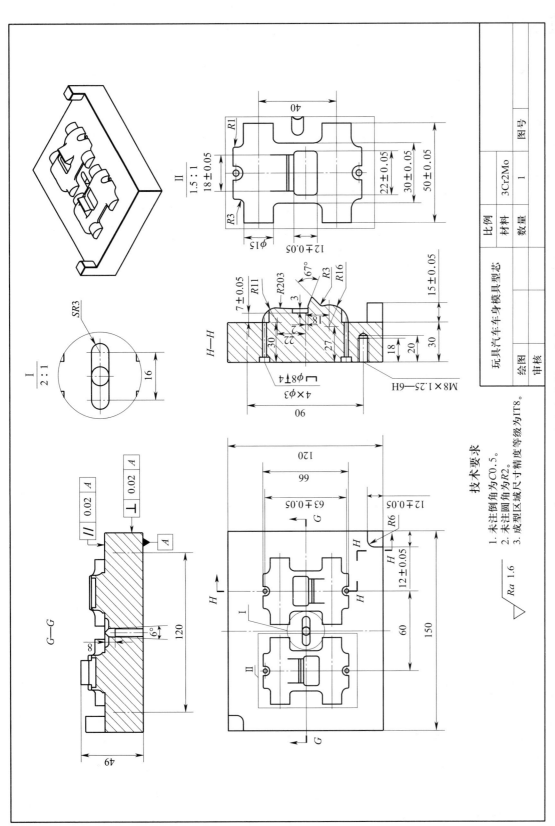

技术要求
1. 未注倒角为C0.5。
2. 未注圆角为R2。
3. 成型区域尺寸精度等级为IT8。

图4-2　玩具汽车车身模具型芯

比例		图号	
材料	3Cr2Mo		
数量	1		

玩具汽车车身模具型芯			
绘图			
审核			

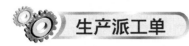

生产派工单

生产派工单见表4-1。

表4-1　　　　　　　　　　　　　生产派工单

单号：_____　开单部门：_____　开单人：_____

开单时间：_____年___月___日___时　接单人：_____部_____小组_____（签名）

以下由开单人填写			
产品名称	玩具汽车车身模具型芯	完成工时	
产品技术要求	按图样加工，满足使用功能要求		

以下由接单人和确认方填写			
领取材料（含消耗品）		成本核算	金额合计：仓管员（签名）　年　月　日
领用工具			
操作者检测		（签名）　年　月　日	
班组检测		（签名）　年　月　日	
质检员检测	□合格　□不良　□返修　□报废	（签名）　年　月　日	

工作流程与活动

1．玩具汽车车身模具型芯加工准备（2学时）

2．玩具汽车车身模具型芯加工工艺分析及计划制订（2学时）

3．玩具汽车车身模具型芯加工（10学时）

4．玩具汽车车身模具型芯的检测与质量分析（4学时）

5．工作总结与评价（2学时）

学习活动1　玩具汽车车身模具型芯加工准备

学习目标

1. 能通过查阅资料了解玩具汽车车身模具型芯所用材料的牌号、性能及用途。

2. 能识读玩具汽车车身模具型芯零件图，说出其主要加工尺寸、几何公差、表面粗糙度等要求。

3. 能说出常用刀柄的类型及其使用场合。

4. 能合理选择刀柄的结构形式。

建议学时　2学时。

学习过程

一、阅读生产派工单，明确任务内容

1. 用于制作玩具汽车车身模具型芯的材料应具有怎样的性能才能满足模具型芯的功能要求？

2．加工配合件时容易出现的问题有哪些？

3．分析零件图样，在表4-2中写出型芯的主要加工尺寸、几何公差及表面粗糙度要求，为零件的编程加工做准备。

表 4-2　　　　　　　　　　　　　　　　　　型芯的加工要求

序号	项目	内容	偏差范围（数值）
1	主要加工尺寸		
2	几何公差		
3	表面粗糙度		

二、刀柄系统

数控铣床用刀柄系统由三部分组成，即刀柄、拉钉和夹头（或中间模块）。

数控铣床用铣刀通过刀柄与数控铣床主轴连接，其强度、刚度、耐磨性、制造精度以及夹紧力等对加工有直接影响。

拉钉（见图4-3）的尺寸已标准化，国家标准规定了 A 型和 B 型两种形式的拉钉，其中 A 型拉钉用于不带钢球的拉紧装置，B 型拉钉用于带钢球的拉紧装置。

夹头有两种，即 ER 夹头和 KM 夹头，如图4-4所示。其中 ER 夹头的夹紧力较小，适用于切削力较小的场合；KM 夹头的夹紧力较大，适用于强力铣削。中间模块是刀柄和刀具之间的中间连接装置，通过中间模块的使用，提高了刀柄的通用性能。

图 4-3　拉钉

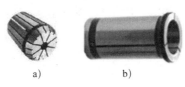

图 4-4　夹头
a）ER 夹头　b）KM 夹头

1．查阅相关资料，了解常用的刀柄类型及其应用，填写表 4-3。

表 4-3　　　　　　　　　　　　常用的刀柄类型及其应用

刀柄类型	刀柄图示	夹头或中间模块	夹持刀具
弹簧夹头刀柄			
强力夹头刀柄			
面铣刀刀柄			
侧固式刀柄			
莫氏锥度刀柄			
丝锥刀柄			
镗刀刀柄			

2．刀柄结构形式的选择应兼顾技术先进与经济合理。对一些长期反复使用、不需要拼装的简单刀具以配备整体式刀柄为宜，使工具刚度高，价格低廉（如加工零件外轮廓用的立铣刀刀柄、夹头刀柄及钻夹头刀柄等）。在加工孔径、孔深经常变化的多品种、小批量零件时，宜选用哪种结构形式的刀柄？为什么？

学习活动 2　玩具汽车车身模具型芯加工工艺分析及计划制订

 **学习目标**

1. 能结合玩具汽车车身模具型芯的结构特点选择夹紧方案及夹具。

2. 能正确编制玩具汽车车身模具型芯加工刀具卡。

3. 能正确设计玩具汽车车身模具型芯的走刀路线。

4. 能合理确定切削用量。

5. 能根据分析的玩具汽车车身模具型芯加工工艺，编制合理的加工工艺卡。

6. 能运用 Mastercam 软件设置各种曲面粗加工、曲面精加工的参数。

7. 能编制玩具汽车车身模具型芯刀路设计表。

8. 能制订合理的玩具汽车车身模具型芯加工工作计划。

建议学时　2学时。

 学习过程

一、加工工艺分析

1. 简述数控机床加工与传统机床加工的工艺区别。

2．选择加工方法

根据玩具汽车车身模具型芯特征，选择零件加工方法。

3．确定加工顺序

结合图 4-2 所示玩具汽车车身模具型芯的加工要求和结构特点，确定本任务的加工顺序。

4．选择夹具

查阅相关资料，结合玩具汽车车身模具型芯的结构特点选择夹紧方案及夹具。

5．选择刀具

根据玩具汽车车身模具型芯的加工内容进行刀具的选择，填写表4-4。

表4-4　　　　　　　　　　　　玩具汽车车身模具型芯加工刀具卡

产品名称或代号		零件名称		零件图号	
刀具号	刀具名称	数量	加工内容		刀具规格

6．确定走刀路线

设计玩具汽车车身模具型芯的走刀路线。

7．确定切削用量

根据选择的刀具及刀具材料，查阅刀具切削参数表，计算切削用量（转速$n=\dfrac{1\,000v_c}{\pi D}$，进给速度$v_f=f_z z n$）。

8．编制加工工艺卡

根据加工要求，考虑现场的实际条件，小组成员共同分析、讨论并确定合理的加工工艺，编制玩具汽车车身模具型芯加工工艺卡（表4-5）。

表4-5　　　　　　　　　　　　　玩具汽车车身模具型芯加工工艺卡

玩具汽车车身模具型芯加工工艺卡		材料		图号				
		产品数量		零件名称			共　页	第　页
工序号	工序名称	工序内容	车间	工段	设备	工艺装备	工时	
							准终	单件

续表

工序号	工序名称	工序内容	车间	工段	设备	工艺装备	工时	
							准终	单件

二、程序编制

Mastercam 软件有四类曲面刀具路径：粗加工刀具路径、精加工刀具路径、多轴加工路径和线架构加工路径。大多数曲面加工都需要通过粗加工与精加工来完成。曲面铣削加工的类型较多，系统提供多种粗加工方法（见图 4-5）和精加工方法（见图 4-6）。

1．曲面粗加工

（1）曲面粗切平行

曲面粗切平行沿着特定的方向产生一系列相互平行的粗加工刀具路径，适合各种形态曲面的加工。依次选择"刀路""3D""粗切""平行"命令，在视图中选择曲面加工的区域后，将弹出"曲面粗切平行"对话框。结合图 4-7，说明"粗切平行铣削参数"选项卡的设置方法。

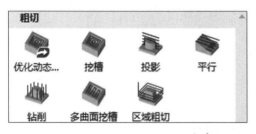

图 4-5　曲面粗加工子菜单

图 4-6　曲面精加工子菜单

图 4-7　"曲面粗切平行"对话框

（2）曲面粗切投影

曲面粗切投影将已有的刀具路径或几何图形投影到所选择的曲面上生成粗加工刀具路径。结合图4-8，说明"投影粗切参数"选项卡的设置方法。

图 4-8　"曲面粗切投影"对话框

2．曲面精加工

曲面精加工的目的是精确地将三维模型的曲面形状表现出来，尽可能达到加工的最终要求。

（1）高速曲面刀路 – 平行

依次选择"刀路""3D""精切""平行"命令，在视图中选择要进行精加工的曲面，将弹出"高速曲面刀路 – 平行"对话框。结合图 4-9，说明其设置方法。

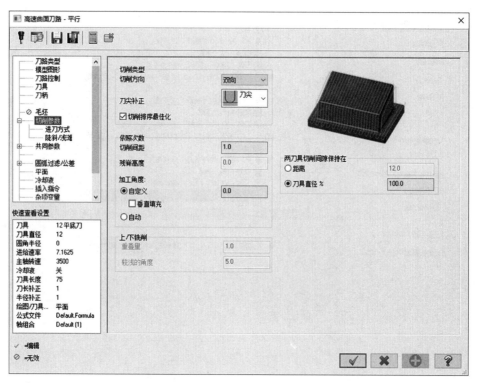

图 4-9　"高速曲面刀路 – 平行"对话框

（2）高速曲面刀路 – 清角

高速曲面刀路 – 清角主要用于清除残留在曲面斜坡上的材料。受刀具切削间距的限制，平坦的曲面上刀具路径密，而陡斜面处的刀具路径较稀，从而易留下过多的材料，达不到要求的表面质量。因此该方式一般与其他加工方式配合使用，以对前次加工中达不到要求的陡斜面进行再加工。结合图 4-10，说明其设置方法。

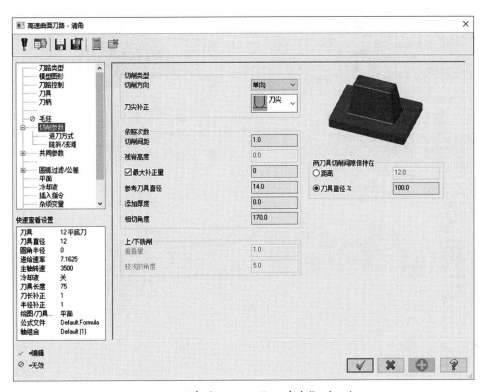

图 4-10 "高速曲面刀路 – 清角"对话框

（3）高速曲面刀路 –等高

依次选择"刀路""3D""精切""等高"命令，在视图中选择要进行精加工的曲面，将弹出"高速曲面刀路 – 等高"对话框。结合图 4-11，说明其设置方法。

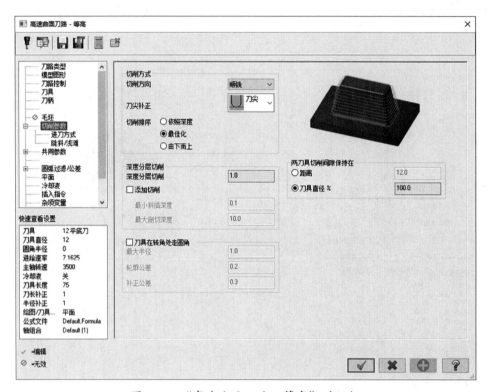

图 4-11 "高速曲面刀路 – 等高"对话框

（4）高速曲面刀路 – 环绕

高速曲面刀路 – 环绕产生按照所加工曲面的轮廓环绕工件曲面而且等距的刀具路径，主要应用于加工比较平缓且规则的零件。结合图 4-12，说明其设置方法。

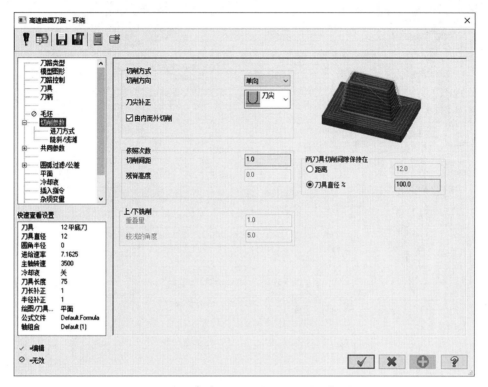

图 4-12 "高速曲面刀路 – 环绕"对话框

（5）高速曲面刀路 – 放射

依次选择"刀路""3D""精切""放射"命令，在视图中选择曲面加工的区域后，将弹出"高速曲面刀路 – 放射"对话框。结合图 4-13，说明其设置方法。

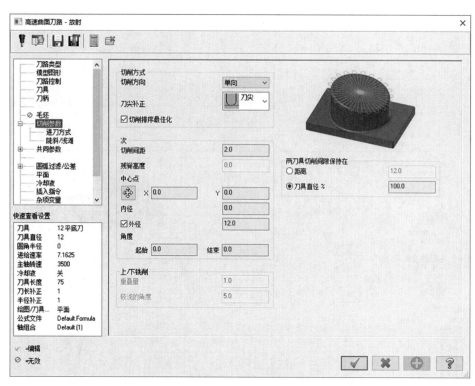

图 4-13 "高速曲面刀路 - 放射"对话框

3．填写玩具汽车车身模具型芯刀路设计表的加工参数设置，将软件中的仿真图示截图并打印后粘贴于表 4-6 中。

表 4-6　　　　　　　　　　　　　　玩具汽车车身模具型芯刀路设计表

序号	编程图示	仿真图示	加工参数设置
1	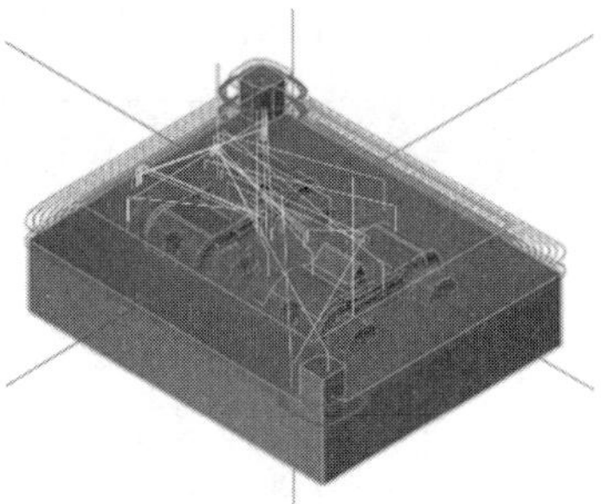		加工刀路：_____ 刀具：_____ 加工余量：_____ 主轴转速：_____ 切削速度：_____
2	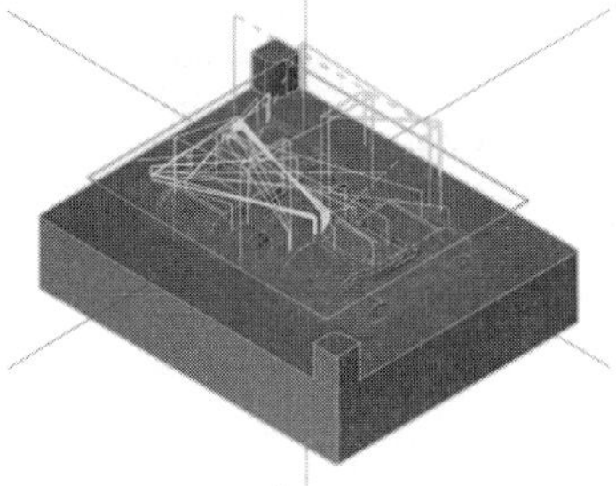		加工刀路：_____ 刀具：_____ 加工余量：_____ 主轴转速：_____ 切削速度：_____
3	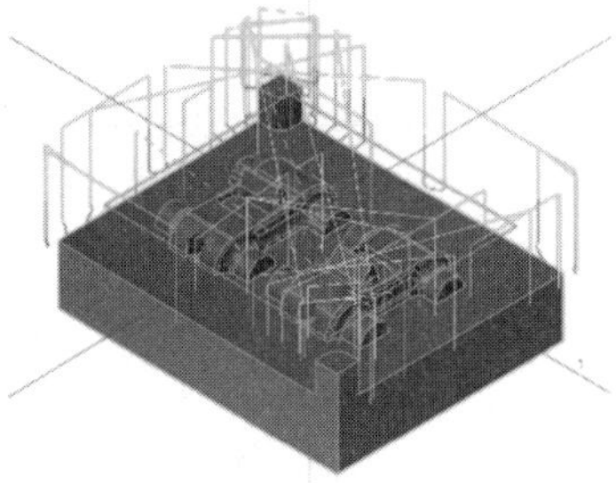	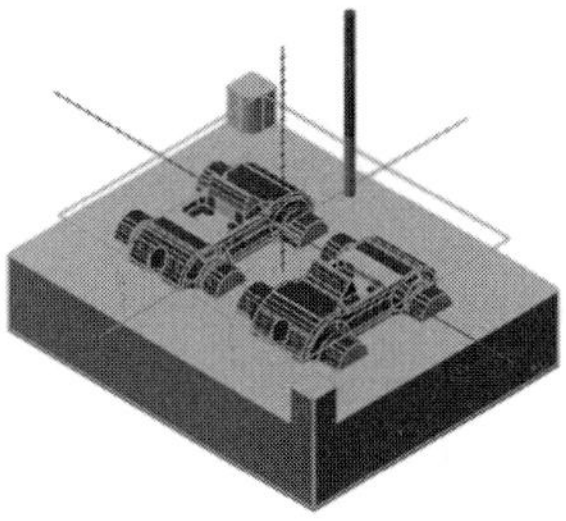	加工刀路：_____ 刀具：_____ 主轴转速：_____ 切削速度：_____
4	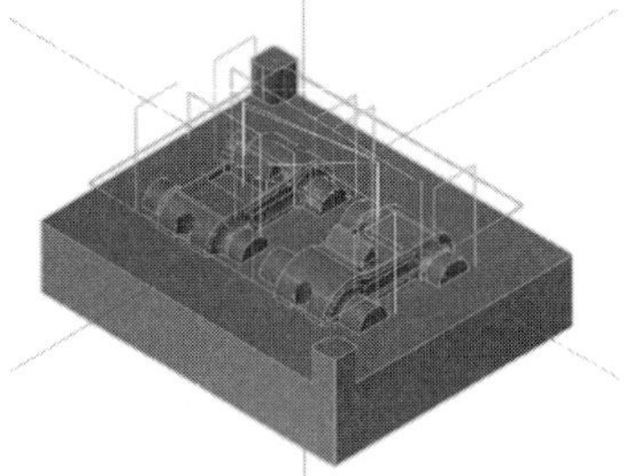		加工刀路：_____ 刀具：_____ 主轴转速：_____ 切削速度：_____
5	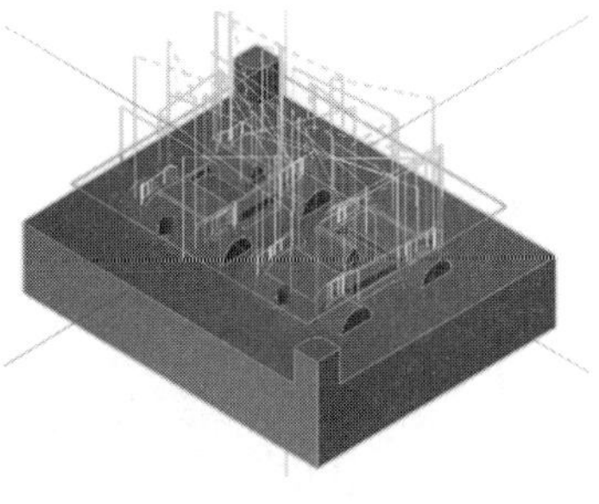		加工刀路：_____ 刀具：_____ 主轴转速：_____ 切削速度：_____

三、工作计划制订

根据任务要求制订合理的工作计划，并根据小组成员的特点进行分工，填写表4-7。

表 4-7　　　　　　　　　　　　　玩具汽车车身模具型芯加工工作计划

序号	开始时间	结束时间	工作内容	工作要求	备注

学习活动 3　玩具汽车车身模具型芯加工

 学习目标

1. 能检查工作区、设备、工具、材料的状况和功能。

2. 能查阅相关资料，根据现场条件选用符合加工技术要求的工具、量具、刀具。

3. 能熟练装夹工件，并对其进行找正。

4. 能正确选择加工玩具汽车车身模具型芯要用的切削液。

5. 能正确、规范地装夹刀具，并正确对刀。

6. 能根据车间管理规定，正确、规范地操作机床加工零件，并记录加工中不合理之处，及时处理。

7. 能按车间现场 6S 管理规定和产品工艺流程的要求，正确放置工具、产品，正确、规范地保养机床，进行产品交接并规范填写交接班记录表。

建议学时　10 学时。

 学习过程

一、加工准备

1. 领取工具、量具、刀具

领取工具、量具、刀具，并填写表 4-8。

表 4-8　　　　　　　　　　　　　　工具、量具、刀具清单

序号	名称	规格	数量	备注

2．领取毛坯

领取毛坯，测量并记录所领毛坯的实际外形尺寸，判断毛坯是否有足够的加工余量。

3．选择切削液

根据加工对象及所用刀具，选择本次学习任务所用的切削液。

二、加工过程

1．开机准备

（1）做好开机前的各项常规检查工作。

（2）规范启动机床。

（3）机床各坐标轴回参考点。

（4）输入数控程序并校验。

2．工件的装夹

（1）简述加工玩具汽车车身模具型芯时工件装夹的注意事项。

（2）如果不校正工件在机用虎钳中的位置，会对工件的尺寸产生哪些影响？

3．刀具的安装

将本学习任务所用刀具安装在刀柄上，并记录安装步骤。

4．对刀

通过试切法进行对刀操作，并记录 G54 数值。

5．输入对刀数值

将 G54 数值输入机床中。

6．自动加工

（1）加工过程中注意观察刀具切削情况，在表 4-9 中记录加工中不合理之处并及时处理，提高工作效率。

表 4-9　　　　　　　　　　　　　加工中不合理之处及处理方法

序号	加工中不合理之处	处理方法

（2）粗加工完毕，精确测量加工尺寸，根据测量结果修改参数后再进行精加工。若加工尺寸偏大，应如何修整？

三、机床保养，场地清理

加工完毕，按照车间规定整理现场，清扫切屑，保养机床，并正确处置废油液等废弃物；按车间规定填写交接班记录（表4-10）和设备日常保养记录卡（表4-11）。

表4-10　　　　　　　　　　　　　　　交接班记录

设备名称：_____　　　设备编号：_____　　　使用班组：_____

项目	交接机床	交接工具、量具、夹具、刀具			交接图样	交接材料	交接成品件	交接半成品件	工艺技术交流
数量、使用情况（交班人填）									
交班人									
接班人									
日期									

表 4-11

设备日常保养记录卡

设备名称：＿＿＿＿＿ 设备编号：＿＿＿＿＿ 使用部门：＿＿＿＿＿ 保养年月：＿＿＿＿＿ 存档编码：＿＿＿＿＿

日期 保养内容	1	2	3	4	5	6	7	8	9	10	11	12	13	14	15	16	17	18	19	20	21	22	23	24	25	26	27	28	29	30	31
环境卫生																															
机身整洁																															
加油润滑																															
工具整齐																															
电器损坏																															
机械损坏																															
保养人																															
机械异常备注																															

审核人：＿＿＿＿＿ ＿＿＿年＿＿＿月＿＿＿日

注：保养后，用"√"表示日保；"△"表示周保；"○"表示月保；"Y"表示一级保养；"×"表示有损坏或异常现象，应在"机械异常备注"栏子以记录。

学习活动 4　玩具汽车车身模具型芯的检测与质量分析

 **学习目标**

> 1. 能正确分析玩具汽车车身模具型芯需要测量的要素，并根据测量要素说明量具的相应检测内容。
>
> 2. 能根据图样要求正确检测玩具汽车车身模具型芯的加工质量。
>
> 3. 能根据检测结果，分析误差产生的原因，优化加工策略。
>
> 4. 能对量具进行合理的维护和保养。
>
> 5. 能按检验室管理要求，正确放置检验用工具、量具。
>
> 建议学时　4学时。

 学习过程

一、领取检测用量具

1. 玩具汽车车身模具型芯需要测量哪些要素？

2．根据测量要素，说明量具的相应检测内容，并填入表 4-12。

表 4-12　　　　　　　　　　　　量具及检测内容

序号	量具名称	检测内容

二、检测零件，填写质量检验单

根据图样要求检测玩具汽车车身模具型芯，并将检测结果填入表 4-13。

表 4-13　　　　　　　　　　玩具汽车车身模具型芯检测记录表

序号	名称	配分	项目与技术要求	评分标准	检测结果		得分
					自检	三坐标检测	
1	主要尺寸	5	（50±0.05）mm	超差不得分			
2		5×3	（12±0.05）mm（三处）	超差不得分			
3		5	（22±0.05）mm	超差不得分			
4		5	（30±0.05）mm	超差不得分			
5		5	（18±0.05）mm	超差不得分			
6		5	（7±0.05）mm	超差不得分			
7		5	（15±0.05）mm	超差不得分			

续表

序号	名称	配分	项目与技术要求	评分标准	检测结果		得分
					自检	三坐标检测	
8	次要尺寸	3	90 mm	超差不得分			
9		3	120 mm	超差不得分			
10		3	60 mm	超差不得分			
11		3	49 mm	超差不得分			
12		2	16 mm	超差不得分			
13		2	8 mm	超差不得分			
14		2	30 mm	超差不得分			
15		2	$4 \times M8$	超差不得分			
16	表面质量	5	$Ra1.6\ \mu m$	降级不得分			
17	主观评分	5	已加工零件去毛刺是否符合图样要求				
18		5	已加工零件是否有划伤、碰伤和夹伤				
19		5	已加工零件与图样要求的一致性				
20	更换毛坯	3	是否更换或添加毛坯	是 / 否			
21	职业素养	3	能正确穿戴工作服、工作鞋、安全帽等劳动防护用品。每违反一项，扣1分				
22		3	能按机床使用规范正确进行开关机、对刀等基本操作。每误操作一次，扣1分				
23		3	能规范使用及保养工具、量具和辅具。每误操作一次，扣1分				
24		3	能做好设备清洁、保养工作。每违反一项，扣1分				
	总配分	100	总得分				

注：三坐标检测应由检验人员完成。

三、质量分析

分析不合格产品原因，提出修改方案，并填入表 4-14 中。

表 4-14　　　　　　　　　不合格项目产生原因及改进方法

不合格项目	产生原因	改进方法

学习活动 5　工作总结与评价

学习目标

1. 能按照学生自我评价表完成自评。

2. 能结合自身任务完成情况，正确、规范地撰写工作总结（心得体会）。

3. 能对学习与工作进行反思与总结，并能与他人开展良好合作，进行有效的沟通。

4. 能在作业过程中严格执行企业操作规范、安全生产制度、环保管理制度以及 6S 管理规定，严格遵守从业人员的职业道德，树立吃苦耐劳、爱岗敬业的工作态度和职业责任感。

5. 能与班组长、工具管理员等相关人员进行有效的沟通与合作，理解有效沟通和团队合作的重要性。

建议学时　2 学时。

学习过程

学习评价以学习目标为导向，围绕学习过程设计评价要点，依据多元评价理论，从不同角度评价综合职业能力和职业素质。学习评价由自我评价、小组评价和教师评价三部分组成，最终成绩按下式进行计算：总评成绩 = 自我评价（40%）+ 小组评价（10%）+ 教师评价（50%）。

一、自我评价

通过自我评价发现自己存在的问题和不足，自我评价总分占总评成绩的 40%。

填写学生自我评价表（表 4-15）。

表 4-15   学生自我评价表

班级：_____   学生：_____   学号：_____

评价项目	评价内容	评价标准 / 分			得分
		偶尔	经常	完全	
知识技能	能独立捕捉任务信息，明确工作任务与要求，制订工作计划	0 ~ 2	3 ~ 4	5 ~ 7	
	能认真听讲，根据任务要求，合理选择指令，编辑加工程序并校验	0 ~ 2	3 ~ 4	5 ~ 7	
	能主动参与角色分工，全程参与工作任务	0 ~ 2	3 ~ 4	5 ~ 7	
	能认真观看微课、课件和教师示范操作，能进行刀具、工件的正确装夹并对刀	0 ~ 2	3 ~ 4	5 ~ 7	
	能规范、有序地进行零件的加工	0 ~ 4	5 ~ 7	8 ~ 10	
	能通过小组协作选用合适的量具对产品进行测量	0 ~ 2	3 ~ 4	5 ~ 7	
职业素质	能按时出勤，规范着装。遵守课堂学习纪律，不做与学习任务无关的事情	0 ~ 2	3 ~ 4	5 ~ 7	
	生产操作中，能善于发现并勇于指出操作员的不规范操作	0 ~ 2	3 ~ 4	5 ~ 7	
	能主动分析、思考问题，积极发表对问题的看法，提出建议，解决问题	0 ~ 4	5 ~ 7	8 ~ 10	
	能主动参与团队安排的工作，互助协作，分享并倾听意见，进行反思与总结，完善自我	0 ~ 2	3 ~ 4	5 ~ 7	
	能保持认真细致、精益求精的工作态度	0 ~ 4	5 ~ 7	8 ~ 10	
	能积极参与汇报工作（若是汇报员，应表述清晰，准确运用专业术语，非汇报员应协作整合汇报资料和方案）	0 ~ 2	3 ~ 4	5 ~ 7	
	遵守实训车间的 6S 管理规定	0 ~ 2	3 ~ 4	5 ~ 7	
任务总体表现（总评分）					

二、小组评价

小组评价由"组内工作过程考核互评"和"组间展示互评"两部分组成。"组间展示互评"把个人制作好的零件先进行分组展示，再由小组推荐代表做工作过程的介绍。在展示的过程中，以组为单位进行评价；评价完成后，根据其他组成员对本组展示的成果评价意见进行归纳总结。小组评价总分占总评成绩的10%。

填写组内工作过程考核互评表（表4-16）。

表4-16　　　　　　　　　　　　　　组内工作过程考核互评表

学习任务名称	班级	姓名	学号

序号	评价内容	评价标准 / 分			得分
		偶尔	经常	完全	
1	能主动完成教师布置的任务和作业	0 ~ 4	5 ~ 7	8 ~ 10	
2	能认真听教师讲课，听同学发言	0 ~ 4	5 ~ 7	8 ~ 10	
3	能积极参与讨论，与他人良好合作	0 ~ 4	5 ~ 7	8 ~ 10	
4	能独立查阅资料，观看微课，形成意见文本	0 ~ 4	5 ~ 7	8 ~ 10	
5	能积极地就疑难问题向同学和教师请教	0 ~ 4	5 ~ 7	8 ~ 10	
6	能积极参与分工合作，并指出同学在操作中的不规范行为	0 ~ 4	5 ~ 7	8 ~ 10	
7	能规范操作数控机床进行产品加工	0 ~ 4	5 ~ 7	8 ~ 10	
8	能在正确测量后耐心细致地修改加工参数，保证产品质量	0 ~ 4	5 ~ 7	8 ~ 10	
9	能按车间管理要求，规范摆放工具、量具、刀具，整理及清扫现场	0 ~ 4	5 ~ 7	8 ~ 10	
10	能认真总结并反思产品加工中出现的问题	0 ~ 4	5 ~ 7	8 ~ 10	
	任务总体表现（总评分）				

填写组间展示互评表（表 4-17）。

表 4-17　　　　　　　　　　　　　　　　　组间展示互评表

学习任务名称	班级	组名	汇报人

序号	评价内容	评价程度及评价标准 / 分			得分
1	展示的零件是否符合技术标准	不符合□ 0～4	一般□ 5～7	符合□ 8～10	
2	小组介绍成果表达是否清晰	不清晰□ 0～4	一般，常补充□ 5～7	清晰□ 8～10	
3	小组介绍的加工方法是否正确	不正确□ 0～4	部分正确□ 5～7	正确□ 8～10	
4	小组汇报成果表述是否逻辑正确	不正确□ 0～4	部分正确□ 5～7	正确□ 8～10	
5	小组汇报成果专业术语是否表达正确	不正确□ 0～4	部分正确□ 5～7	正确□ 8～10	
6	小组组员和汇报人解答其他组提问是否正确	不正确□ 0～4	部分正确□ 5～7	正确□ 8～10	
7	汇报或模拟加工过程操作是否规范	不规范□ 0～4	部分规范□ 5～7	规范□ 8～10	
8	小组的检测量具、量仪保养是否正确	不正确□ 0～4	部分正确□ 5～7	正确□ 8～10	
9	小组是否具有团队创新精神	不足□ 0～4	一般□ 5～7	良好□ 8～10	
10	小组汇报展示的方式是否新颖（利用多媒体等手段）	一般□ 0～4	良好□ 5～7	新颖□ 8～10	
	任务总体表现（总评分）				
	小组汇报中的问题和建议				

三、教师评价

首先，教师对展示的作品分别做评价：一是找出各组的优点进行点评；二是对展示过程中各组的缺点进行点评，提出改进方法；三是对整个任务完成中的亮点和不足进行点评。然后，根据学生的具体行为表现按教师评价表（表 4-18）进行评价，教师评价总分占总评成绩的 50%。

填写教师评价表。

表 4-18　　　　　　　　　　　　　　教师评价表

班级：＿＿＿＿＿＿＿＿　学生姓名：＿＿＿＿＿＿＿＿＿　学号：＿＿＿＿＿＿＿＿＿

评价项目	评价内容	评价标准 / 分			得分
		偶尔	经常	完全	
能否承担职责	能主动参与分工，尽心尽责全程参与工作任务	0 ~ 4	5 ~ 7	8 ~ 10	
能否服从管理	能时刻服从组长和教师工作安排，积极完成工作	0 ~ 4	5 ~ 7	8 ~ 10	
能否独立思考	能独立发现问题，思考问题，积极发表对问题的看法，提出建议，解决问题	0 ~ 4	5 ~ 7	8 ~ 10	
能否团结互助	能主动交流、协作	0 ~ 4	5 ~ 7	8 ~ 10	
是否有规范意识	能按照车间操作规范进行操作，遵守设备使用要求，维持场地环境整洁	0 ~ 5	6 ~ 10	11 ~ 15	
能否严谨踏实	能认真、细致地按照加工流程完成产品加工	0 ~ 4	5 ~ 7	8 ~ 10	
能否勇于表达	能在加工操作中善于发现并勇于指出操作员的不规范操作，并积极参与汇报	0 ~ 4	5 ~ 7	8 ~ 10	
是否有质量意识	能对产品质量精益求精，达到好的产品加工结果（刀补调试参数和切削参数是否为最优，以零件表面粗糙度和尺寸精度为准）	0 ~ 5	6 ~ 10	11 ~ 15	
能否反思与总结	能反思与总结影响产品质量的因素	0 ~ 4	5 ~ 7	8 ~ 10	
总体意见					
任务总体表现（总评分）					

四、总结提升

试结合自身任务完成情况，撰写本次任务的工作总结（包含影响产品质量的因素、工艺顺序安排的依据和重要性、企业制订工作生产计划的理由等）。

工作总结（心得体会）

世赛知识

世界技能大赛塑料模具工程项目

世界技能大赛塑料模具工程项目是指依据项目技术要求，按照塑料产品的 2D 工程图或 3D 模型设计和制作塑料模，并制作成塑料产品的竞赛项目。比赛中对选手的技能要求主要包括：掌握机械设计和机械制造的知识和技术，完成产品建模、模具设计、编制数控加工程序；使用加工中心对钢件进行加工形成模具零件；使用手工或电动工具对模具零件进行抛光打磨；完成模具的装配与调试；在注塑机上实现塑料零件的生产。第 41 ~ 45 届世界技能大赛该项目奖牌榜见表 4–19。

表 4–19　　　　　　　　　　　　　　　奖牌榜

赛事	金牌	银牌	铜牌
第 41 届世界技能大赛	韩国	泰国	中国台北
第 42 届世界技能大赛	日本 泰国	/	中国台北
第 43 届世界技能大赛	韩国	巴西 日本 印度尼西亚	中国（黄灿杰）
第 44 届世界技能大赛	中国（张志斌）	韩国	日本
第 45 届世界技能大赛	俄罗斯	巴西	中国（卢森锐） 印度尼西亚 中国台北

学习任务五　玩具汽车车身模具型腔的数控铣加工

学习目标

1. 能通过查阅资料了解玩具汽车车身模具型腔所用材料的牌号、性能及用途。

2. 能识读玩具汽车车身模具型腔零件图，说出其主要加工尺寸、几何公差、表面粗糙度等要求。

3. 能掌握刀具长度补偿的测量方法，能规范地使用 Z 轴设定器。

4. 能正确分析玩具汽车车身模具型腔加工工艺，编制合理的加工工艺卡。

5. 能正确运用 Mastercam 软件的三维绘图功能。

6. 能正确编制玩具汽车车身模具型腔刀路设计表。

7. 能制订合理的玩具汽车车身模具型腔加工工作计划。

8. 能根据车间管理规定，正确、规范地操作机床加工零件，记录加工中不合理之处并及时处理。

9. 能根据图样要求正确检测玩具汽车车身模具型腔的加工质量，并根据检测结果分析误差产生的原因，优化加工策略。

10. 能主动获取有效信息，展示工作成果，对学习与工作进行反思与总结，优化方案和策略，具备知识迁移能力。

11. 能与班组长、工具管理员等相关人员开展良好合作，进行有效的沟通。

12. 能在作业过程中严格执行企业操作规范、安全生产制度、环保管理制度以及 6S 管理规定，严格遵守从业人员的职业道德，树立吃苦耐劳、爱岗敬业的工作态度和职业责任感。

建议学时

20 学时。

工作情景描述

　　某模具厂通过业务洽谈与某塑料制件厂签订了玩具汽车车身模具型腔制作合同。塑料制件厂提供产品（玩具汽车车身）零件图，要求模具型腔寿命为 8 万次，交货期为 10 天。模具厂设计人员按照塑料制件厂要求进行模具设计，完成图样绘制后，安排模具生产车间模具工加工模具型腔，模具型腔经检验合格后交付塑料制件厂使用。

模具型腔图

　　玩具汽车车身、玩具汽车车身模具型腔分别如图 4-1、图 5-1 所示。

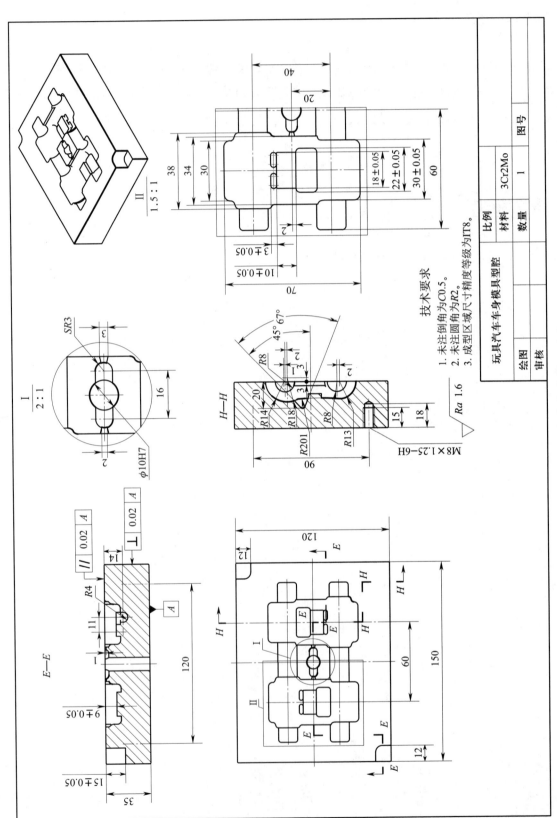

图 5-1　玩具汽车车身模具型腔

技术要求
1. 未注倒角为C0.5。
2. 未注圆角为R2。
3. 成型区域尺寸精度等级为IT8。

玩具汽车车身模具型腔

比例		3Cr2Mo	
材料			
数量		1	
绘图		图号	
审核			

生产派工单

生产派工单见表5-1。

表 5-1　　　　　　　　　　　　　　生产派工单

单号：_____　开单部门：_____　开单人：_____

开单时间：_____年___月___日___时　接单人：_____部_____小组_____（签名）

以下由开单人填写			
产品名称	玩具汽车车身模具型腔	完成工时	
产品技术要求	按图样加工，满足使用功能要求		

以下由接单人和确认方填写			
领取材料（含消耗品）		成本核算	金额合计： 仓管员（签名） 　　年　月　日
领用工具			
操作者检测		（签名） 　　年　月　日	
班组检测		（签名） 　　年　月　日	
质检员检测	□合格　□不良　□返修　□报废	（签名） 　　年　月　日	

工作流程与活动

1．玩具汽车车身模具型腔加工准备（2学时）

2．玩具汽车车身模具型腔加工工艺分析及计划制订（2学时）

3．玩具汽车车身模具型腔加工（10学时）

4．玩具汽车车身模具型腔的检测与质量分析（4学时）

5．工作总结与评价（2学时）

学习活动1　玩具汽车车身模具型腔加工准备

 学习目标

1. 能通过查阅资料了解玩具汽车车身模具型腔所用材料的牌号、性能及用途。

2. 能识读玩具汽车车身模具型腔零件图，说出其主要加工尺寸、几何公差、表面粗糙度等要求。

3. 能掌握刀具长度补偿的测量方法。

4. 能规范地使用Z轴设定器。

建议学时　2学时。

 学习过程

一、阅读生产派工单，明确任务内容

1. 用于制作玩具汽车车身模具型腔的材料应具有怎样的性能才能满足模具型腔的功能要求？

2．分析零件图样，在表5-2中写出型腔的主要加工尺寸、几何公差及表面粗糙度要求，为零件的编程加工做准备。

表5-2　　　　　　　　　　　　　　　型腔的加工要求

序号	项目	内容	偏差范围（数值）
1	主要加工尺寸		
2	几何公差		
3	表面粗糙度		

二、刀具长度补偿

刀具长度补偿是指通过长度补偿指令使编程点在插补运算时自动加上或减去刀具的长度，从而使实际加工的长度尺寸不受刀具变化的影响，以简化编程。这主要用在要换多把刀具的数控铣床程序上。查阅相关资料，回答下面的问题。

1．写出图5-2所示对刀设备的名称及作用。

光电式

机械式

图5-2　对刀设备

2．说明刀具长度补偿的原理。

3．刀具长度补偿的建立与取消指令是什么？

4．结合图 5-3 说明 Z 轴设定器的使用方法。

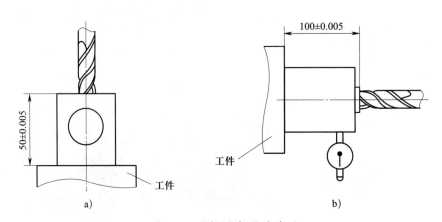

图 5-3　Z 轴设定器的使用

5．结合图 5-4 说明刀具长度补偿值的测量方法。

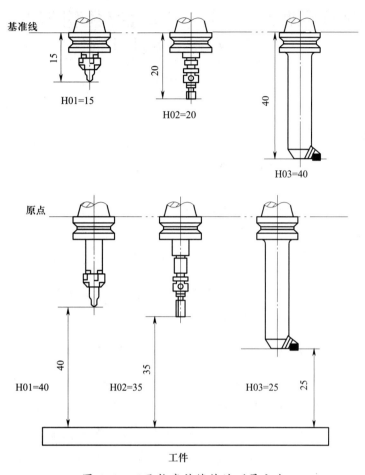

图 5-4　刀具长度补偿值的测量方法

学习活动 2　玩具汽车车身模具型腔加工 工艺分析及计划制订

 **学习目标**

> 1．能结合玩具汽车车身模具型腔的结构特点选择夹紧方案及夹具。
>
> 2．能正确编制玩具汽车车身模具型腔加工刀具卡。
>
> 3．能正确设计玩具汽车车身模具型腔的走刀路线。
>
> 4．能合理确定切削用量。
>
> 5．能根据分析的玩具汽车车身模具型腔加工工艺，编制合理的加工工艺卡。
>
> 6．能正确运用 Mastercam 软件的二维绘图功能。
>
> 7．能编制玩具汽车车身模具型腔刀路设计表。
>
> 8．能制订合理的玩具汽车车身模具型腔加工工作计划。
>
> 建议学时　2 学时。

 学习过程

一、加工工艺分析

1．确定加工顺序

结合图 5-1 所示玩具汽车车身模具型腔的加工要求和结构特点，确定本任务的加工顺序。

2．选择夹具

查阅相关资料，结合玩具汽车车身模具型腔的结构特点选择夹紧方案及夹具。

3．选择刀具

根据玩具汽车车身模具型腔的加工内容进行刀具的选择，填写表5-3。

表5-3　　　　　　　　　　　　玩具汽车车身模具型腔加工刀具卡

产品名称或代号		零件名称			零件图号	
刀具号	刀具名称	数量	加工内容		刀具规格	

4．确定走刀路线

设计玩具汽车车身模具型腔的走刀路线。

5．确定切削用量

根据选择的刀具及刀具材料，查阅刀具切削参数表，计算切削用量（转速$n=\dfrac{1\,000v_c}{\pi D}$，进给速度$v_f=f_z z n$）。

6．编制加工工艺卡

根据加工要求，考虑现场的实际条件，小组成员共同分析、讨论并确定合理的加工工艺，编制玩具汽车车身模具型腔加工工艺卡（表5-4）。

表5-4　　　　　　　　　　　　玩具汽车车身模具型腔加工工艺卡

玩具汽车车身模具型腔加工工艺卡			材料		图号			
			产品数量		零件名称		共　页	第　页
工序号	工序名称	工序内容	车间	工段	设备	工艺装备	工时	
							准终	单件

续表

工序号	工序名称	工序内容	车间	工段	设备	工艺装备	工时	
							准终	单件

学习任务五　玩具汽车车身模具型腔的数控铣加工

二、程序编制

Mastercam 软件具有方便快捷的基本实体（包括圆柱体、圆锥体、长方体、球体及圆环体等）设计功能。

挤出实体是将一个或多个共面的曲线串连按指定方向和距离进行挤压所构建的实体。当选取的串连曲线为封闭的时，可以生成实心的实体或壳体；当选取的串连曲线为不封闭的时，则只能生成壳体。

旋转实体是将串连曲线绕选择的旋转轴进行旋转生成一个新的实体，或在现存实体上进行切除、增加实体从而生成新的实体。

1. 挤出实体既可以进行实体材料的增加，也可以进行实体材料的切除。查阅相关资料，说明挤出实体的形式。

2. 了解 Mastercam 软件中二维绘图图标功能和用法，填写表 5-5。

表 5-5   二维绘图图标功能和用法

图标	功能	用法

图标	功能	用法

3．填写玩具汽车车身模具型腔刀路设计表的加工参数设置，将软件中的仿真图示截图并打印后粘贴于表 5-6 中。

表 5-6　　　　　　　　　　　　　　玩具汽车车身模具型腔刀路设计表

序号	编程图示	仿真图示	加工参数设置
1	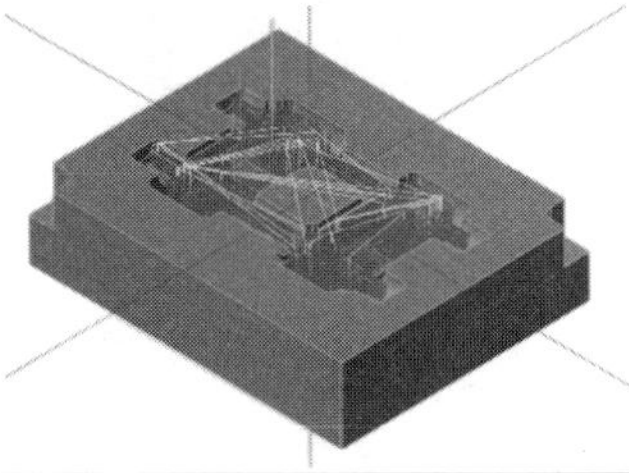		加工刀路：_____ 加工余量：_____ 刀具：_____ 主轴转速：_____ 切削速度：_____
2	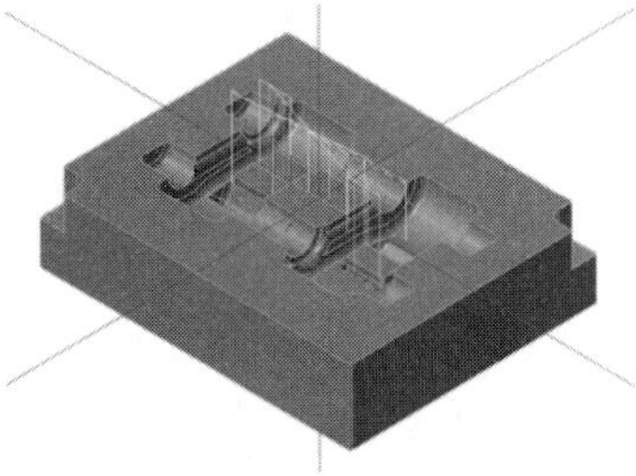	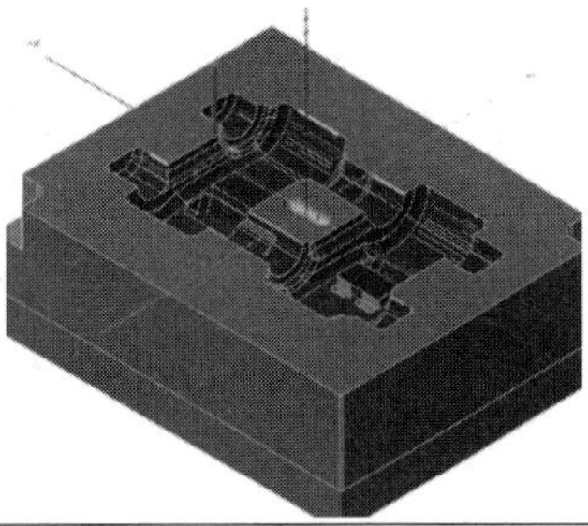	加工刀路：_____ 刀具：_____ 主轴转速：_____ 切削速度：_____
3	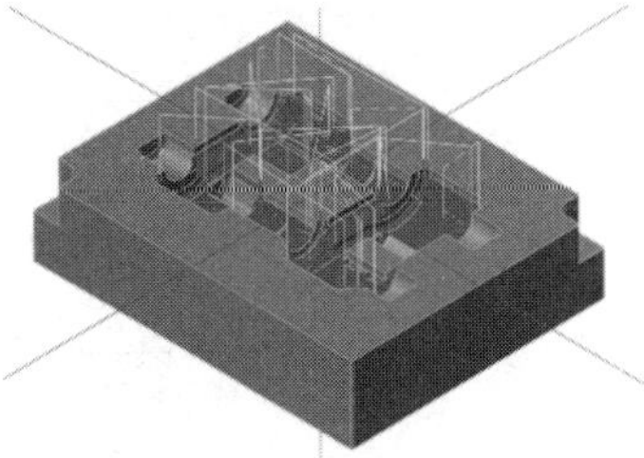		加工刀路：_____ 刀具：_____ 主轴转速：_____ 切削速度：_____

三、工作计划制订

根据任务要求制订合理的工作计划，并根据小组成员的特点进行分工，填写在表 5-7 工作计划表中。

表 5-7　　　　　　　　　　　　　玩具汽车车身模具型腔加工工作计划

序号	开始时间	结束时间	工作内容	工作要求	备注

学习活动3　玩具汽车车身模具型腔加工

学习目标

1. 能检查工作区、设备、工具、材料的状况和功能。

2. 能查阅相关资料，根据现场条件选用符合加工技术要求的工具、量具、刀具。

3. 能熟练装夹工件，并对其进行找正。

4. 能正确选择加工玩具汽车车身模具型腔要用的切削液。

5. 能正确、规范地装夹刀具，并正确对刀。

6. 能根据车间管理规定，正确、规范地操作机床加工零件，并记录加工中不合理之处，及时处理。

7. 能按车间现场6S管理规定和产品工艺流程的要求，正确放置工具、产品，正确、规范地保养机床，进行产品交接并规范填写交接班记录表。

建议学时　10学时。

学习过程

一、加工准备

1．领取工具、量具、刀具

领取工具、量具、刀具，并填写表5-8。

表5-8 工具、量具、刀具清单

序号	名称	规格	数量	备注

2．领取毛坯

领取毛坯，测量并记录所领毛坯的实际外形尺寸，判断毛坯是否有足够的加工余量。

3．选择切削液

根据加工对象及所用刀具，选择本次学习任务所用的切削液。

二、加工过程

1．开机准备

（1）做好开机前的各项常规检查工作。

（2）规范启动机床。

（3）机床各坐标轴回参考点。

（4）输入数控程序并校验。

2．工件的装夹

（1）简述加工玩具汽车车身模具型腔时工件装夹的注意事项。

（2）如果不校正工件在机用虎钳中的位置，会对工件的尺寸产生哪些影响？

3．刀具的安装

将本学习任务所用刀具安装在刀柄上，并记录安装步骤。

4．对刀

通过试切法进行对刀操作，并记录 G54 数值。

5．输入对刀数值

将 G54 数值输入机床中。

6．自动加工

（1）加工过程中注意观察刀具切削情况，在表 5–9 中记录加工中不合理之处并及时处理，提高工作效率。

表 5–9　　　　　　　　　　　　加工中不合理之处及处理方法

序号	加工中不合理之处	处理方法

（2）粗加工完毕，精确测量加工尺寸，根据测量结果修改参数后再进行精加工。若加工尺寸偏大，应如何修整？

三、机床保养，场地清理

加工完毕，按照车间规定整理现场，清扫切屑，保养机床，并正确处置废油液等废弃物；按车间规定填写交接班记录（表5-10）和设备日常保养记录卡（表5-11）。

表5-10　　　　　　　　　　　　　交接班记录

设备名称：_____　　设备编号：_____　　使用班组：_____

项目	交接机床	交接工具、量具、夹具、刀具			交接图样	交接材料	交接成品件	交接半成品件	工艺技术交流
数量、使用情况（交班人填）									
交班人									
接班人									
日期									

表 5-11

设备日常保养记录卡

设备名称：＿＿＿＿　设备编号：＿＿＿＿　使用部门：＿＿＿＿　保养年月：＿＿＿＿　存档编码：＿＿＿＿

日期\保养内容	1	2	3	4	5	6	7	8	9	10	11	12	13	14	15	16	17	18	19	20	21	22	23	24	25	26	27	28	29	30	31
环境卫生																															
机身整洁																															
加油润滑																															
工具整齐																															
电器损坏																															
机械损坏																															
保养人																															
机械异常备注																															

审核人：

注：保养后，用"√"表示日保；"△"表示周保；"○"表示月保；"Y"表示一级保养；"×"表示有损坏或异常现象，应在"机械异常备注"栏予以记录。

　年　月　日

学习活动4　玩具汽车车身模具型腔的检测与质量分析

 学习目标

1. 能正确分析玩具汽车车身模具型腔需要测量的要素，并根据测量要素说明量具的相应检测内容。

2. 能根据图样要求正确检测玩具汽车车身模具型腔的加工质量。

3. 能根据检测结果，分析误差产生的原因，优化加工策略。

4. 能对量具进行合理的维护和保养。

5. 能按检验室管理要求，正确放置检验用工具、量具。

建议学时　4学时。

 学习过程

一、领取检测用量具

1. 玩具汽车车身模具型腔需要测量哪些要素？

2．根据测量要素，说明量具的相应检测内容，并填入表5-12。

表5-12 量具及检测内容

序号	量具名称	检测内容

二、检测零件，填写质量检验单

根据图样要求检测玩具汽车车身模具型腔，并将检测结果填入表5-13。

表5-13 玩具汽车车身模具型腔检测记录表

序号	名称	配分	项目与技术要求	评分标准	检测结果		得分
					自检	三坐标检测	
1		6	（15±0.05）mm	超差不得分			
2		6	（9±0.05）mm	超差不得分			
3	主要尺寸	6	（30±0.05）mm	超差不得分			
4		6	（22±0.05）mm	超差不得分			
5		6	（18±0.05）mm	超差不得分			

续表

序号	名称	配分	项目与技术要求	评分标准	检测结果		得分
					自检	三坐标检测	
6	主要尺寸	5	（3 ± 0.05）mm	超差不得分			
7		5	（10 ± 0.05）mm	超差不得分			
8	次要尺寸	4	120 mm	超差不得分			
9		4	150 mm	超差不得分			
10		4	60 mm	超差不得分			
11		4	90 mm	超差不得分			
12		4	35 mm	超差不得分			
13		4	$R4$ mm	超差不得分			
14	表面质量	5	$Ra1.6\ \mu m$	降级不得分			
15	主观评分	5	已加工零件去毛刺是否符合图样要求				
16		3	已加工零件是否有划伤、碰伤和夹伤				
17		3	已加工零件与图样要求的一致性				
18	更换毛坯	4	是否更换或添加毛坯	是 / 否			
19	职业素养	4	能正确穿戴工作服、工作鞋、安全帽等劳动防护用品。每违反一项，扣1分				
20		4	能按机床使用规范正确进行开关机、对刀等基本操作。每误操作一次，扣1分				
21		4	能规范使用及保养工具、量具和辅具。每误操作一次，扣1分				
22		4	能做好设备清洁、保养工作。每违反一项，扣1分				
	总配分	100	总得分				

注：三坐标检测应由检验人员完成。

三、质量分析

分析不合格产品原因，提出修改方案，并填入表 5-14 中。

表 5-14　　　　　　　　　　　不合格项目产生原因及改进方法

不合格项目	产生原因	改进方法

学习活动 5 工作总结与评价

 **学习目标**

> 1. 能按照学生自我评价表完成自评。
>
> 2. 能结合自身任务完成情况，正确、规范地撰写工作总结（心得体会）。
>
> 3. 能对学习与工作进行反思与总结，并能与他人开展良好合作，进行有效的沟通。
>
> 4. 能在作业过程中严格执行企业操作规范、安全生产制度、环保管理制度以及 6S 管理规定，严格遵守从业人员的职业道德，树立吃苦耐劳、爱岗敬业的工作态度和职业责任感。
>
> 5. 能与班组长、工具管理员等相关人员进行有效的沟通与合作，理解有效沟通和团队合作的重要性。
>
> 建议学时 2 学时。

 学习过程

学习评价以学习目标为导向，围绕学习过程设计评价要点，依据多元评价理论，从不同角度评价综合职业能力和职业素质。学习评价由自我评价、小组评价和教师评价三部分组成，最终成绩按下式进行计算：总评成绩 = 自我评价（40%）+ 小组评价（10%）+ 教师评价（50%）。

一、自我评价

通过自我评价发现自己存在的问题和不足，自我评价总分占总评成绩的 40%。

填写学生自我评价表（表 5-15）。

表 5-15   学生自我评价表

班级：＿＿＿＿＿＿＿   学生姓名：＿＿＿＿＿＿＿   学号：＿＿＿＿＿＿＿

评价项目	评价内容	评价标准 / 分			得分
		偶尔	经常	完全	
知识技能	能独立捕捉任务信息，明确工作任务与要求，制订工作计划	0 ~ 2	3 ~ 4	5 ~ 7	
	能认真听讲，根据任务要求，合理选择指令，编辑加工程序并校验	0 ~ 2	3 ~ 4	5 ~ 7	
	能主动参与角色分工，全程参与工作任务	0 ~ 2	3 ~ 4	5 ~ 7	
	能认真观看微课、课件和教师示范操作，能进行刀具、工件的正确装夹并对刀	0 ~ 2	3 ~ 4	5 ~ 7	
	能规范、有序地进行零件的加工	0 ~ 4	5 ~ 7	8 ~ 10	
	能通过小组协作选用合适的量具对产品进行测量	0 ~ 2	3 ~ 4	5 ~ 7	
职业素质	能按时出勤，规范着装。遵守课堂学习纪律，不做与学习任务无关的事情	0 ~ 2	3 ~ 4	5 ~ 7	
	生产操作中，能善于发现并勇于指出操作员的不规范操作	0 ~ 2	3 ~ 4	5 ~ 7	
	能主动分析、思考问题，积极发表对问题的看法，提出建议，解决问题	0 ~ 4	5 ~ 7	8 ~ 10	
	能主动参与团队安排的工作，互助协作，分享并倾听意见，进行反思与总结，完善自我	0 ~ 2	3 ~ 4	5 ~ 7	
	能保持认真细致、精益求精的工作态度	0 ~ 4	5 ~ 7	8 ~ 10	
	能积极参与汇报工作（若是汇报员，应表述清晰，准确运用专业术语，非汇报员应协作整合汇报资料和方案）	0 ~ 2	3 ~ 4	5 ~ 7	
	遵守实训车间的 6S 管理规定	0 ~ 2	3 ~ 4	5 ~ 7	
任务总体表现（总评分）					

二、小组评价

小组评价由"组内工作过程考核互评"和"组间展示互评"两部分组成。"组间展示互评"把个人制作好的零件先进行分组展示，再由小组推荐代表做工作过程的介绍。在展示的过程中，以组为单位进行评价；评价完成后，根据其他组成员对本组展示的成果评价意见进行归纳总结。小组评价总分占总评成绩的10%。

填写组内工作过程考核互评表（表5-16）。

表5-16　　　　　　　　　　　　　　组内工作过程考核互评表

学习任务名称		班级	姓名	学号	

序号	评价内容	评价标准 / 分			得分
		偶尔	经常	完全	
1	能主动完成教师布置的任务和作业	0 ~ 4	5 ~ 7	8 ~ 10	
2	能认真听教师讲课，听同学发言	0 ~ 4	5 ~ 7	8 ~ 10	
3	能积极参与讨论，与他人良好合作	0 ~ 4	5 ~ 7	8 ~ 10	
4	能独立查阅资料，观看微课，形成意见文本	0 ~ 4	5 ~ 7	8 ~ 10	
5	能积极地就疑难问题向同学和教师请教	0 ~ 4	5 ~ 7	8 ~ 10	
6	能积极参与分工合作，并指出同学在操作中的不规范行为	0 ~ 4	5 ~ 7	8 ~ 10	
7	能规范操作数控机床进行产品加工	0 ~ 4	5 ~ 7	8 ~ 10	
8	能在正确测量后耐心细致地修改加工参数，保证产品质量	0 ~ 4	5 ~ 7	8 ~ 10	
9	能按车间管理要求，规范摆放工具、量具、刀具，整理及清扫现场	0 ~ 4	5 ~ 7	8 ~ 10	
10	能认真总结并反思产品加工中出现的问题	0 ~ 4	5 ~ 7	8 ~ 10	
任务总体表现（总评分）					

填写组间展示互评表（表5-17）。

表5-17　　　　　　　　　　　　组间展示互评表

学习任务名称		班级	组名	汇报人

序号	评价内容	评价程度及评价标准/分			得分
1	展示的零件是否符合技术标准	不符合□ 0～4	一般□ 5～7	符合□ 8～10	
2	小组介绍成果表达是否清晰	不清晰□ 0～4	一般，常补充□ 5～7	清晰□ 8～10	
3	小组介绍的加工方法是否正确	不正确□ 0～4	部分正确□ 5～7	正确□ 8～10	
4	小组汇报成果表述是否逻辑正确	不正确□ 0～4	部分正确□ 5～7	正确□ 8～10	
5	小组汇报成果专业术语是否表达正确	不正确□ 0～4	部分正确□ 5～7	正确□ 8～10	
6	小组组员和汇报人解答其他组提问是否正确	不正确□ 0～4	部分正确□ 5～7	正确□ 8～10	
7	汇报或模拟加工过程操作是否规范	不规范□ 0～4	部分规范□ 5～7	规范□ 8～10	
8	小组的检测量具、量仪保养是否正确	不正确□ 0～4	部分正确□ 5～7	正确□ 8～10	
9	小组是否具有团队创新精神	不足□ 0～4	一般□ 5～7	良好□ 8～10	
10	小组汇报展示的方式是否新颖（利用多媒体等手段）	一般□ 0～4	良好□ 5～7	新颖□ 8～10	
任务总体表现（总评分）					
小组汇报中的问题和建议					

三、教师评价

首先，教师对展示的作品分别做评价：一是找出各组的优点进行点评；二是对展示过程中各组的缺点进行点评，提出改进方法；三是对整个任务完成中的亮点和不足进行点评。然后，根据学生的具体行为表现按教师评价表（表5-18）进行评价，教师评价总分占总评成绩的50%。

填写教师评价表。

表5-18　　　　　　　　　　　　　　　教师评价表

班级：_____　　学生姓名：_____　　学号：_____

评价项目	评价内容	评价标准 / 分			得分
		偶尔	经常	完全	
能否承担职责	能主动参与分工，尽心尽责全程参与工作任务	0 ~ 4	5 ~ 7	8 ~ 10	
能否服从管理	能时刻服从组长和教师工作安排，积极完成工作	0 ~ 4	5 ~ 7	8 ~ 10	
能否独立思考	能独立发现问题，思考问题，积极发表对问题的看法，提出建议，解决问题	0 ~ 4	5 ~ 7	8 ~ 10	
能否团结互助	能主动交流、协作	0 ~ 4	5 ~ 7	8 ~ 10	
是否有规范意识	能按照车间操作规范进行操作，遵守设备使用要求，维持场地环境整洁	0 ~ 5	6 ~ 10	11 ~ 15	
能否严谨踏实	能认真、细致地按照加工流程完成产品加工	0 ~ 4	5 ~ 7	8 ~ 10	
能否勇于表达	能在加工操作中善于发现并勇于指出操作员的不规范操作，并积极参与汇报	0 ~ 4	5 ~ 7	8 ~ 10	
是否有质量意识	能对产品质量精益求精，达到好的产品加工结果（刀补调试参数和切削参数是否为最优，以零件表面粗糙度和尺寸精度为准）	0 ~ 5	6 ~ 10	11 ~ 15	
能否反思与总结	能反思与总结影响产品质量的因素	0 ~ 4	5 ~ 7	8 ~ 10	
总体意见					
任务总体表现（总评分）					

四、总结提升

试结合自身任务完成情况，撰写本次任务的工作总结（包含影响产品质量的因素、工艺顺序安排的依据和重要性、企业制订工作生产计划的理由等）。

工作总结（心得体会）

世赛知识

国手的选拔

参加世界技能大赛代表国家形象，因此，必须确保选拔出最优秀的选手为国出征。

选拔选手主要分两个阶段。第一个阶段是全国选拔。这个阶段类似于海选，在各地、各部门初赛的基础上，人力资源社会保障部组织开展世界技能大赛全国选拔赛，根据选手成绩，最终每个参赛项目约有 10 人入选国家集训队。第二个阶段是集训选拔。主要是依托世界技能大赛中国集训基地，对入选国家集训队的选手进行集训，并根据集训安排进行"十进五""五进一"的阶段性考核选拔，最后选出一名最优秀的选手代表祖国出征，可谓大浪淘沙。可以说，最终代表国家出征的参赛选手，每一位都经历了层层选拔，经历了常人无法想象的艰苦历程。正因为如此，他们才能够凭借精湛的技艺和强大的心理素质，最终在国际技能竞赛的舞台上一展身手，取得优异成绩。

我国对世界技能大赛全国选拔赛的组织是非常严密的，每届世界技能大赛全国选拔赛开始前，人力资源社会保障部都会出台详细的《竞赛技术规则》，要求全国选拔赛本着公平、公正、公开等原则组织实施。